浙东南突发性地质灾害防治丛书
浙江省地质灾害"整体智治"三年行动成果

浙东南地质灾害风险管控

ZHE DONGNAN DIZHI ZAIHAI FENGXIAN GUANKONG

吴　义　秦海燕　史俊龙
赵红新　李志刚　刘　冬　等编著
徐光黎　张育志　邹立阳

中国地质大学出版社
ZHONGGUO DIZHI DAXUE CHUBANSHE

图书在版编目(CIP)数据

浙东南地质灾害风险管控/吴义等编著. —武汉:中国地质大学出版社,2024.6
(浙东南突发性地质灾害防治丛书)
ISBN 978-7-5625-5877-4

Ⅰ.①浙⋯ Ⅱ.①吴⋯ Ⅲ.①地质灾害-风险管理-研究-浙江 Ⅳ.①P694

中国国家版本馆 CIP 数据核字(2024)第 102740 号

浙东南地质灾害风险管控	吴　义　秦海燕　史俊龙
	赵红新　李志刚　刘　冬　等编著
	徐光黎　张育志　邹立阳

责任编辑:谢媛华	选题策划:谢媛华	责任校对:张咏梅
出版发行:中国地质大学出版社(武汉市洪山区鲁磨路388号)		邮政编码:430074
电　　话:(027)67883511	传　　真:(027)67883580	E-mail:cbb@cug.edu.cn
经　　销:全国新华书店		http://cugp.cug.edu.cn
开本:787 毫米×1092 毫米　1/16	字数:308 千字	印张:12
版次:2024 年 6 月第 1 版	印次:2024 年 6 月第 1 次印刷	
印刷:武汉中远印务有限公司		
ISBN 978-7-5625-5877-4		定价:108.00 元

如有印装质量问题请与印刷厂联系调换

《浙东南地质灾害风险管控》编撰委员会

指导委员会

主　　任：吴　义
副主任：叶泽富　夏克升　朱长进　池朝敏　秦海燕
委　　员：叶康生　傅正园　史俊龙　叶文荣　刘　冬
　　　　　张育志　许鹏飞

执行委员会

吴　义　叶泽富　秦海燕　叶康生　傅正园　徐光黎
史俊龙　李志刚　叶文荣　刘　冬　张育志　许鹏飞
郑东华　赵红新　林忠信　吴曼云　吴国华　黄　冀
邹立阳

序

浙东南地处我国东南沿海，经济发展快速，城乡建设发展迅猛，人类活动对地质环境影响比较强烈。区内山高林密、沟谷纵横，台风、暴雨频袭，滑坡、崩塌、泥石流等地质灾害点多、面广、突发性强，防灾、减灾、救灾任务艰巨。

自2017年起，浙江省人民政府启动了"除险安居""整体智治""智控提能"3个三年行动计划。在此期间，浙江省第十一地质大队积极响应政府号召，出色地完成了浙东南地质灾害防治任务，积累了大量浙东南地质灾害防治的宝贵经验，形成了"主动防灾减灾、动态风险管控、系统减灾救灾"的风险管控理念，着力构建"科学防控、整体智治"的地质灾害风险闭环管控新机制，以及分区分类分级的地质灾害风险管理新体系，形成了"即时感知、科学决策、精准服务、高效运行、智能监管"的地质灾害防治新格局。

本书在介绍浙东南地质灾害风险管控的背景及发展变化的基础上，阐述了浙东南地质灾害孕灾背景条件；总结了浙东南地质灾害的特征以及发育规律，评价了地质灾害的易发性、危险性和风险性；分析了浙东南地质灾害的气象风险和各地区的降雨阈值；梳理了浙东南地质灾害风险管控的制度、技术、措施及保障4个体系的规划及部署；列举了"早期识别、预报预警、及时避险、综合治理"4个典型案例。本书为读者了解浙东南地质灾害风险管控和地质灾害防治工作提供了非常有益的参考，对发展我国地质灾害防治理论、丰富地质灾害防治技术体系亦具有重要的借鉴和应用价值。

是为序。

中国科学院院士、中国地质大学（武汉）校长
2023年12月

前　言

浙东南主要指温州市域，地处我国东南沿海，地势西南高、东北低，瓯江、飞云江和鳌江贯穿境内，地形整体呈"七山一水二分田"的格局，地层岩性以凝灰岩、花岗岩等火成岩为主，每年4月梅汛期及5—9月台汛期，台风、暴雨频频来袭，滑坡、崩塌、泥石流等地质灾害多发，地质灾害具有群发性、并发性、突发性、灾小害大等特征。由于经济发展和土地资源紧张矛盾突出，众多线性交通工程、民居工程依山而建，削坡、山体开挖现象普遍，地质灾害严重威胁区内群众生命财产安全。因此，为达到"以人为本，地质安全"的目标，贯彻地质灾害风险管控理念，践行系统风险管控工作至关重要。

浙江省第十一地质大队自20世纪90年代从事地质灾害防治工作以来，完成了温州市各县（市、区）地质灾害规划、调查与区划，小流域泥石流地质灾害调查评价，地质灾害调查评价和地质灾害勘查设计等1000余个项目，逐步形成了"主动防灾减灾、动态风险管控、系统减灾救灾"的风险管控理念。浙江省人民政府部署了地质灾害"除险安居"（2017—2019年）、"整体智治"（2020—2022年）、"智控提能"（2023—2025年）行动计划，浙江省第十一地质大队在以上3个三年行动计划开展过程中，全面贯彻了这一风险管控理念，取得了较好的地质灾害风险管控效果和社会效益。

浙江省第十一地质大队在地质灾害风险管控实践过程中，建立了浙东南地质灾害"隐患点＋风险防范区"双控与"隐患点＋区域风险防范区"联控体系，完善了灾害早期识别与监测预警体系，形成了灾害动态管理与多元宣传体系，推行了灾害防控责任制与保险兜底制的保障体系；相继出版了《浙东南突发性地质灾害防治》《浙东南突发性地质灾害防治——地质队员驻县进乡工作指南》《浙东南突发性地质灾害典型案例分析》《浙东南地质灾害防控案例》等专著，面向基层发放了《地质灾害科普绘本》《温州市农村切坡建房常用防治措施》《地质灾害防治工程常用治理方法及质量通病》等科普绘本、宣传手册及短视频，极大提高了民众防灾减灾意识，着力打通了"地质灾害防治最后一公里"。浙江省第十一地质大队在地质灾害早期识别、预报预警、应急避险、止损救灾、综合防治等方面取得了显著成效，形成了具有浙东南鲜明特色的地质灾害风险管控体系。

本书概括了浙江省第十一地质大队过去数十年间在浙东南地质灾害风险管控工作中取得的成果，总结了地质灾害风险管控理念与防治实践。全书共分为 6 章，第一章"绪论"由吴义、傅正园编写；第二章"浙东南地质灾害孕灾背景条件"由叶泽富、叶康生编写；第三章"浙东南地质灾害风险调查评价"由史俊龙、赵红新、叶文荣编写；第四章"浙东南台风暴雨诱发型地质灾害降雨阈值研究"由秦海燕、张育志编写；第五章"浙东南地质灾害风险管控体系"由刘冬、郑东华、林忠信编写；第六章"浙东南地质灾害风险管控典型案例"由许鹏飞、黄冀、吴曼云、吴国华编写。全书由秦海燕、李志刚、徐光黎统稿。

本书在编写过程中得到了许多领导、专家和勘查、设计、施工单位的大力支持。中国科学院金振民院士亲临指导；中国科学院王焰新院士欣然为本书作序；浙江省自然资源厅党组成员、浙江省地质院党委书记、院长邵向荣，浙江省地质学会秘书长孙乐玲，专家龚新法、蒋建良、尚岳全、赵建康、吕永进等以及温州市及各县、市、区自然资源和规划局给予了关怀、指导和帮助。此外，研究生杨清卓、石子健、张洋、郗小涵等参与了资料整理和数据分析工作。同时，应该说明的是，书中引用了一些非公开出版的资料，凝聚了浙江省第十一地质大队几代地质灾害防治工作者的心血。在此，对所有付出辛勤劳动及给予关心、指导和帮助的同志致以衷心感谢！

浙东南地质灾害风险管控涉及面广、难度大、责任重，鉴于编著者水平有限，书中难免存在不足之处，恳请读者批评指正！

编著者

2023 年 11 月

目 录

第一章 绪 论 ……………………………………………………………………………（1）

    第一节 背景及意义 ………………………………………………………………（1）

    第二节 地质灾害风险管控研究现状 ……………………………………………（5）

    第三节 浙东南地质灾害风险管控难点 …………………………………………（12）

    第四节 浙东南地质灾害风险管控发展概括 ……………………………………（13）

第二章 浙东南地质灾害孕灾背景条件 …………………………………………（17）

    第一节 地形地貌与地质灾害 ……………………………………………………（17）

    第二节 地质构造与地质灾害 ……………………………………………………（21）

    第三节 工程地质岩组与地质灾害 ………………………………………………（22）

    第四节 气象水文与地质灾害 ……………………………………………………（24）

    第五节 人类工程活动与地质灾害 ………………………………………………（27）

    第六节 孕灾地质条件复杂程度分区 ……………………………………………（29）

第三章 浙东南地质灾害风险调查评价 …………………………………………（34）

    第一节 调查评价思路与依据 ……………………………………………………（34）

    第二节 致灾体调查评价 …………………………………………………………（35）

    第三节 承灾体调查评价 …………………………………………………………（41）

    第四节 1∶50 000 地质灾害风险评价 …………………………………………（44）

    第五节 1∶2000 乡镇地质灾害风险调查评价实例 ……………………………（61）

第四章 浙东南台风暴雨诱发型地质灾害降雨阈值研究 ……………………（83）

    第一节 浙东南气象水文 …………………………………………………………（83）

    第二节 地质灾害降雨阈值研究 …………………………………………………（85）

    第三节 台风暴雨诱发型地质灾害降雨阈值建议值 ……………………………（92）

第五章　浙东南地质灾害风险管控体系 ……………………………………………（97）

　　第一节　浙东南地质灾害防治区划 …………………………………………（97）

　　第二节　浙东南地质灾害风险管控体系 ……………………………………（102）

第六章　浙东南地质灾害风险管控典型案例 ……………………………………（149）

　　第一节　滑坡早期识别典型案例 ……………………………………………（149）

　　第二节　滑坡预报预警典型案例 ……………………………………………（155）

　　第三节　泥石流成功避险典型案例 …………………………………………（162）

　　第四节　滑坡综合治理典型案例 ……………………………………………（167）

主要参考文献 ………………………………………………………………………（174）

第一章

绪 论

第一节 背景及意义

我国幅员辽阔,地质构造复杂,地质环境脆弱,地质灾害频发,是世界上地质灾害类型最全和受地质灾害影响最严重的国家之一。随着城市化进程和经济的快速发展,大量人口和财产聚集在地质灾害高风险区域。提高地质灾害风险管控能力,是最大限度保护人民生命和财产安全的必然要求,是工程地质行业亟需为之努力的"必须之事"。

一、地质灾害风险管控背景

我国山地丘陵区约占国土面积的65%,地质条件复杂,构造活动频繁,崩塌、滑坡、泥石流、地面塌陷等地质灾害隐患多、分布广,尤其多发于西南地区、华中腹地及东南沿海一带。我国是世界上地质灾害最严重、受威胁人口最多的国家之一。浙江省地处我国东南沿海长江三角洲南翼,山地占陆域面积的74.6%,地貌类型多样,地质构造复杂,梅汛期降雨丰沛,台风影响频繁,人口密度大,人类工程活动强烈,是全国地质灾害易发、多发省份之一(图1-1)。

温州市位于浙江省东南部,东濒东海,北接台州,西连丽水,南部靠近浙闽边界,陆域总面积12 110km²。温州地形多为低山丘陵,社会经济发展快,用地紧张,人类活动较强烈,地质灾害发生较多,是浙江省地质灾害多发区之一(图1-2)。截至2022年12月,温州市已查明突发性地质灾害共计1719处,其中滑坡1067处、崩塌325处、泥石流327处。

浙东南地区地质灾害极为发育,且呈现出明显的地域特征,如灾小害大、隐蔽性、突发性、群发性等。此外,浙东南区内暴雨年内变化呈双峰型,第一个暴雨高峰出现在每年5月的梅雨时节,第二个暴雨高峰出现在每年7—9月的台汛期间。大量的资料统计表明,浙东南约90%的突发性地质灾害发生在暴雨期间,且暴雨与突发性地质灾害的时空分布高度吻合。浙东南地区以上地质灾害特点与我国西南地区、华中腹地等其他地区地质灾害特点在形成条件、物质条件、触发条件等方面展现出了鲜明的差异。因此,针对浙东南独特的地质灾害特点,开展相应的地质灾害风险管控尤为重要。

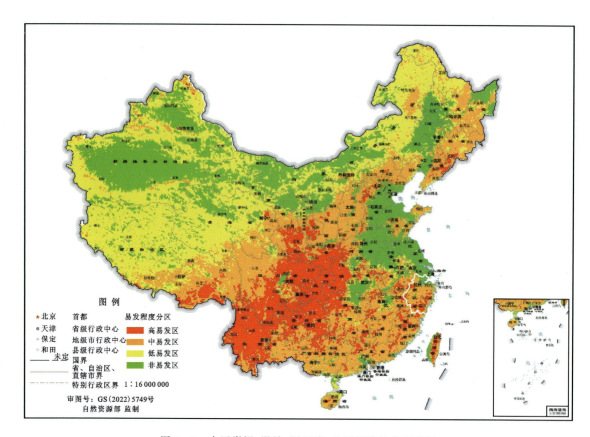

图 1-1 全国崩塌、滑坡、泥石流、地面塌陷易发程度图
(据《全国地质灾害防治"十四五"规划》,2022)

二、地质灾害风险管控意义

近年来,我国城乡经济和城镇化迅猛发展,城镇规模不断扩大,在山地丘陵地段进行的开挖坡脚、平山造地、矿山开采等人类工程活动十分强烈,严重干扰和破坏了本就十分脆弱的地质环境条件,加剧了滑坡、崩塌、泥石流等地质灾害的发生。现今地质灾害在安全发展过程中成为越来越不容忽视的隐患因素。2022年,全国共发生地质灾害5659起,共造成90人死亡、16人失踪、34人受伤,直接经济损失15亿元。其中,浙江省共发生灾险情231起,造成直接经济损失2 302.4万元。

温州市地质灾害隐患曾一度约占浙江省地质灾害隐患总数的1/3,全市深受地质灾害侵扰。2006—2022年温州市发生的灾情及其造成的生命财产损失见图1-3。在经过2017—2019年"除险安居"三年行动后,温州市地质灾害隐患已基本清零,但目前风险防范区仍有1384处,威胁人口3442人、财产20 387.5万元,地质灾害的威胁依旧不容小觑。

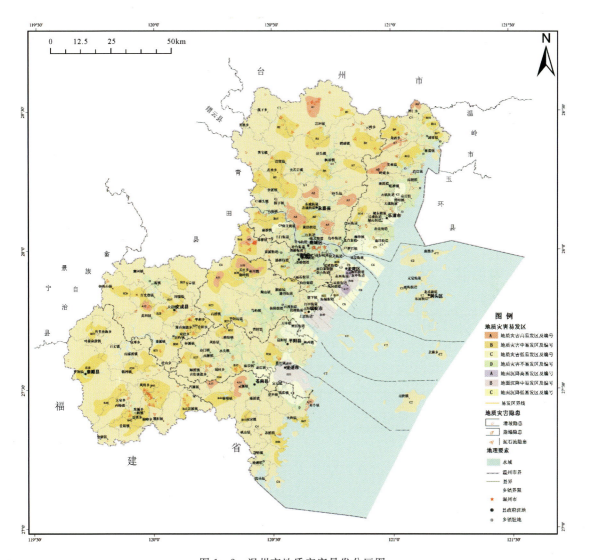

图 1-2 温州市地质灾害易发分区图

目前,温州市乃至全国地质灾害防治工作已取得了显著的成效,但地质灾害防治形势依然严峻。因此,以习近平新时代中国特色社会主义思想为指导,深入贯彻落实习近平总书记"两个坚持、三个转变"等防灾减灾工作系列重要论述精神,坚持人民至上、生命至上,充分依靠科技进步和管理创新,进一步提升地质灾害风险早期识别能力、精准监测预报(警)能力、动态管控能力和基层服务能力,组建地质灾害防治专业技术队伍,完善地质灾害管理创新体系与综合治理模式,不断健全地质灾害风险防控工作体系,最大限度避免和减少地质灾害造成的人员伤亡和财产损失,对实现"两个先行"奋斗目标具有十分重要的意义。

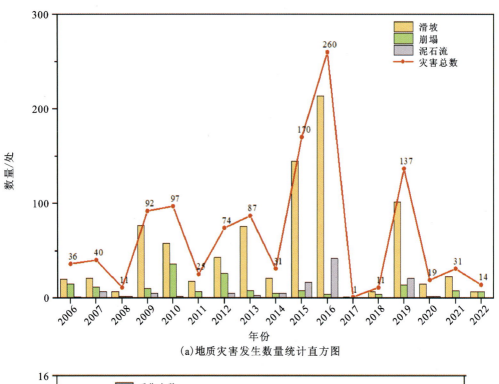

(a) 地质灾害发生数量统计直方图

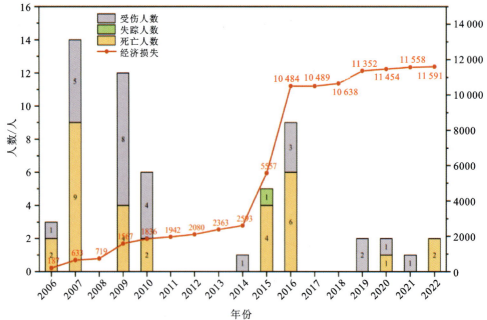

(b) 人员伤亡及财产损失统计直方图

图1-3 温州市2006—2022年地质灾害数量及其造成的人员及财产损失
（数据源自2007—2022年历年温州市地质环境公报）

第二节　地质灾害风险管控研究现状

风险管理是一门发展时间较短的学科,其发端可追溯至 20 世纪 40 年代,逐渐形成于 50 年代,70 年代开始普及。地质灾害风险管控则是在 20 世纪 80 年代末崭露头角,90 年代初逐渐风靡,成为一种全面的管控体系,包括对风险的早期识别、风险评价以及风险管理措施的制订与实施全过程。通过人为的预防和控制,降低地质灾害的风险,这一体系被认为是最有效的防灾减灾途径。本节从国内外地质灾害风险调查、地质灾害风险评价以及地质灾害风险管控 3 个方面进行论述。

一、地质灾害风险调查研究现状

1. 致灾体调查研究现状

致灾体是指在地质作用、人类工程活动、降雨等多种因素影响下,地质自然环境恶化,对人类生命财产造成损失,损毁人类赖以生存与发展的资源、环境等的地质灾害体。

国外学者对致灾体的调查研究起步较早,早在 20 世纪 70 年代,Landsat(分辨率 30～80m)、SPOT(systeme probatoire d'observation dela terre,分辨率 10～20m)等中等分辨率的光学卫星影像便被用于地质灾害探测分析。20 世纪 80 年代,黑白航空影像被用于单体地质灾害探测。20 世纪 90 年代以后,IKONOS(分辨率 1.0m)、QuickBird(分辨率 0.60m)等高分辨率的卫星影像被广泛用于地质灾害探测与监测。1996 年,法国学者 Fruneau 等首先证明了合成孔径雷达差分干涉测量技术(differential InSAR,DInSAR)可有效应用于小范围滑坡形变监测,随后世界各国学者陆续开展了 DInSAR 在滑坡监测中的应用研究,出现了一些成功案例。目前,欧洲已经实现了基于 DInSAR 的全域范围地质灾害隐患普查。

面对严峻复杂的地质灾害防治形势,为查清全国地质灾害,做好地质灾害防治工作,我国自 20 世纪 90 年代起,先后开启了 1∶100 万、1∶50 万、1∶10 万、1∶5 万等精度地质灾害调查工作、全国地质灾害风险普查工作和多轮针对灾害隐患的拉网式、地毯式排查以及每年汛期的巡查,并在此基础上建立了较为完善的群测群防体系。近年来,我国致灾体调查技术手段主要有人民群众报险报灾,专业技术人员野外调查,合成孔径雷达干涉测量技术(InSAR)、三维激光扫描、机载激光雷达测量技术(LiDAR)等多期次数据分析,地质灾害变形过程的监测,不同期的高光谱遥感影像、照片对照,基于 DEM 的坡形、坡度、坡高分析等,并逐步形成历史对比法、直接观察法、间接反演法、遥感遥测法、动态观测法、综合分析法 6 种地质灾害风险识别方法。许强等(2019)提出通过构建基于星载平台(高分辨率光学＋InSAR)、航空平台(LiDAR＋无人机摄影测量)、地面平台(斜坡地表和内部观测)的天-空-地一体化的多源立体观测体系,进行重大地质灾害隐患的早期识别。同时,人工智能识别技术的推动和促进也在实现地质灾害隐患的准确、有效识别方面发挥了关键作用。我国致灾体调查技术经历了从传统技术方法到现代技术方法再到智能识别技术方法的巨大改变,地质灾害早期识别技术逐步得到改进和细化,使得地质灾害早期识别更为全面和精准。

2. 承灾体调查研究现状

承灾体为承受地质灾害损坏的实体,包括但不限于人员、建筑、学校、医院、交通、通信、工业、农业、服务业、土地以及矿山资源等。承灾体的地理位置、数量以及抗灾能力是决定其是否遭受灾害损失以及程度的关键信息。

承灾体调查面临着范围广、任务重和难度大等问题。承灾体调查的对象可以具体分为六大类,分别为人口、房屋建筑、基础设施、公共服务系统、三次产业、资源和环境(吴吉东,2021)。其中,房屋建筑包括城镇和农村用地范围内的住宅与非住宅;基础设施可以细分为交通设施、市政设施、水利设施、通信设施以及能源设施等,而交通设施则包括公路、水路、铁路和航空设施。房屋建筑是与人民生命财产安全关系最为密切的承灾体,自然灾害综合风险普查房屋承灾体工作势在必行,我国已经于2020年12月起正式开展全国房屋建筑承灾体普查,为全国第一次自然灾害综合风险与减灾能力评估提供了有力的数据支撑。房屋承灾体调查信息收集方法逐渐从传统的调查方法转向无人机航测和实景三维建模技术与房屋承灾体调查工作相结合,加快房屋承灾体调查工作进程及质量。市政设施调查一般选取与防灾减灾救灾关系最为密切的道路、桥梁及供水设施三大类开展调查工作,主要采用资料收集及现场调查的方法,通过前期资料收集了解基本信息,并在现场调查中调查变形迹象、摸清存在的隐患问题。水路承灾体普查对象包括主要港口和地区性重要港口,三级及以上航道、通航建筑物、航运枢纽等。水路承灾体属性信息普查分为港口设施、航道设施、通航建筑物设施和航运枢纽设施信息调查。承灾体调查被认为是推动自然灾害防治体系和防治能力现代化的重要基础性工作,通过深入展开承灾体调查可有效提升国家防灾减灾救灾工作的科学性,如结合自然灾害致灾危险性和承灾体脆弱性特征,有助于为未来灾害防治提供决策支持,而在应急响应和救灾方面,能够使得应急响应和救灾更有针对性,便于进行科学高效的灾害损失评估,且有利于进行自然灾害风险评估。

目前,我国缺乏系统的承灾体地理信息数据库,这对进行科学有效的隐患排查和全面的灾害风险防范并不利。因此,开展承灾体调查,建立全面翔实的承灾体数据库,对了解全国自然灾害风险隐患、评估区域抗灾能力以及进行灾害应急管理、灾害损失评估、防灾减灾规划等防灾减灾救灾工作具有重要意义。

二、地质灾害风险评价研究现状

1. 地质灾害易发性评价研究现状

地质灾害易发性评价是进行地质灾害危险性和风险性评价的基础,是指在一定地质环境条件下,通过分析研究每个地质灾害评估因素对灾害易发性的影响程度,确定各评价因素对灾害发生的贡献大小,通过综合分析确定评价单元内地质灾害发生的可能性和趋势,并结合地质灾害的发育特征将评价结果分为不同级别的区域。

国外的地质灾害易发性评价最早开始于20世纪60年代,当时计算机技术尚不发达,评价方法主要以非统计学方法为主。如1964年美国学者Dobrovolny利用专家打分方法基于地质图和地形图对Anchorage地区滑坡灾害易发性进行分级。1976年,国际工程地质与环境协会(International Association of Engineering Geology and the Environment,IAEG)提议开展地质灾害易发性评价研究工作,地质灾害的易发性评价工作开始从定性向定量转变。到了20世纪80年代,随着卫星遥感技术和地理信息系统(GIS)技术的发展,地质灾害易发性评价开始与GIS制图相结合。1984年,Brabb使用GIS的数据管理、数据处理、数字制图等功能对加利福尼亚地区的地质灾害展开研究。20世纪90年代以来,计算机应用和发展逐渐成熟,专家学者开始将统计学方法与GIS技术相结合进行滑坡易发性评价,如加拿大Lee等(2001)使用Logistic回归模型对朝鲜东部地区进行了滑坡易发性预测;Ohlmacher和Davis(2003)运用多元回归方法,对美国堪萨斯州的滑坡进行研究,分析各影响因子对滑坡分布的影响。近些年来,随着人工智能的飞速发展,学者们开始将机器学习与GIS相结合进行滑坡易发性分析。如Ermini等(2005)分别使用多层感知机和概率神经网络对利古里亚地区的滑坡进行易发性评价;Bui等(2012)分别使用SVM模型、DT模型及神经模糊模型对越南槟城山滑坡进行易发性评价,结果表明DT模型具有更高的准确性,并且指标因子的选择对结果有很大的影响。

我国早期着重对地质灾害单一个体的发育机理和稳定程度进行预测评价分析,直到20世纪80年代以后,GIS技术被逐步运用到地质灾害易发性评价的工作中,学者们开始对区域地质灾害易发性进行定量评价。从20世纪90年代开始,GIS技术被全面广泛应用于地质灾害易发性的评价中,到21世纪初已经取得了较为丰硕的成果。高克昌等(2006)利用信息量模型对万州区的滑坡地质灾害进行危险性评价,实现滑坡地质灾害的信息化和科学化。白世彪等(2007)对双变量分析模型进行了改进,采用滑坡种子网格数据驱动的分级新方法对三峡库区忠县—石柱河段进行滑坡易发性评价。进入21世纪以后,随着我国计算机技术的飞速发展,地质灾害易发性评价开始向智能化、信息化转变。如许冲等(2012)基于遥感数据、地理信息系统(GIS)技术和人工神经网络(ANN)模型,进行玉树地震滑坡易发性区划的研究;朱莉等(2013)将灰色系统关联分析与Elman神经网络模型相结合,进行福建闽清、闽侯两县和建宁县的滑坡易发性评价;刘坚等(2018)使用信息量法优化随机森林模型,对三峡库区沙镇溪镇—泄滩乡进行滑坡易发性评价,结果表明优化后的模型准确率更高。

目前,国内外对地质灾害易发性已经进行了大量的研究,提出了多种计算方法,主要有统计学方法、概率方法以及数据挖掘方法。随着滑坡易发性评价研究的不断深入,国内外研究学者继续通过对评价单元划分、样本选择、算法优化及模型耦合等方面的进一步深入研究提高评价的准确性。

2. 地质灾害危险性评价研究现状

地质灾害危险性评价的概念于1805年被Hutchinson首次提出,是在地质灾害易发性评价的基础上研究地质灾害的活跃程度、威胁范围、易发程度和诱发因素,是地质灾害风险评价的第二个关键步骤。2008年国际滑坡和工程边坡联合技术委员会定义地质灾害危险性评价是指预测特定时间或区域的地质灾害发生概率,以及地质灾害可能发生的规模强度,即地质灾害危险性由空间效应、时间效应和规模强度三者组成。其中,空间效应即为地质灾害的易发性评价结果;时间效应则是由地质灾害的频率或触发因素确定的;规模强度对于区域危险性很难量化表示,主要应用于单体地质灾害的危险性评价中。

地质灾害危险性评价常用的分析方法包括确定性分析法、数理统计分析法和诱发因素重现期分析法。其中,确定性分析法也叫作物理模型分析法;数理统计分析法则主要是基于历史数据分析地质灾害的降雨阈值;诱发因素重现期分析法是通过计算不同重现期(5a、10a、50a等)下的降雨极值,从而得到地质灾害发生的时间概率。

基于物理水文模型和边坡稳定性理论推导出来的危险性评价方法叫作物理模型分析法,通过物理模型可以得到地质灾害的临界降雨阈值,从而推算出地质灾害发生的时间概率。地质灾害危险性评价早期以定性评价为主,由经验丰富的专家通过滑坡的编录数据进行打分,从而获得危险性分区图,如Yoshimatsu等(2006)利用层次分析法对日本滑坡发生的概率进行评估。随着国内外对滑坡破坏机制研究的深入,研究学者开始通过结合岩土体物理力学模型与水文方法来计算出滑坡的破坏概率,从而实现滑坡的危险性评价。如Montgomery等(1994)基于无限斜坡模型提出SINMAP模型用于计算降雨阈值;Baum等(2002)基于瞬态降雨入渗原理提出TRIGRS模型进行滑坡稳定性评价。目前,许多专家学者基于经典理论开发出了改进的物理阈值模型,如夏蒙等(2013)结合TRIGRS模型和Rosenblueth点估法对山西兴县浅层黄土滑坡进行研究,探讨了不同降雨阶段对斜坡破坏概率的影响。由于物理阈值模型需要输入边坡抗剪强度、水文地质参数等相关物理力学参数,在一定空间范围内很难保证这些参数的一致性,因此物理阈值模型仅适用于大比例尺小范围的地质灾害危险性评价。

数理统计模型是通过分析降雨强度、历时和累计降雨量等诱发地质灾害发生的降雨特征,得到斜坡发生失稳破坏时的临界降雨阈值。最早的降雨阈值模型是由Caine在1980年提出的I-D阈值模型,该模型是基于视觉插值或曲线拟合来确定经验阈值的。现今常用的降雨阈值模型共有4类,分别为降雨强度-历时关系阈值(I-D)模型、累积降雨量-历时关系阈值(E-D)模型、累积降雨量-降雨强度关系阈值(E-I)模型和基于降雨诱发滑坡的总降雨量阈值(MAP)模型。目前,许多专家学者基于以上经典阈值模型进行改进,发展出更多能准确计算临界降雨阈值的模型。如Peruccacci等(2012)利用E-D阈值模型对意大利3个地区的442次滑坡进行拟合分析,得到其降雨阈值。这些基于降雨特征数据进行统计分析的方法因其获取条件相对简单且预测准确性较高而得到广泛应用,但进行统计时需要较完整的数据支持,同时滑坡编录和气象数据的准确性也会对结果产生直接影响。

地质灾害诱发因素重现期分析是通过分析一定周期内降雨、库水位波动等诱发因素与地质灾害发生时间的关系,进而换算得到地质灾害发生的时间概率。对于降雨型地质灾害来说,重现期表示极值降雨的概率,指某变量大于或等于一定数值在很长时期内平均多少年出现一次的概念。降雨极值的研究最早是在气象、水文领域,通过数理方法对降雨数据进行统计分析,探求降雨极值的变化规律或者进行水文频率分析。早在1928年,Frechet和Fisher等就提出了Frechet分布理论,奠定了极值分布理论研究的基础,1984年Gumbel将其用于水文统计,后来将该理论称为Gumbel分布模型。随着极值理论的发展,极值分布模型也应用于滑坡危险性中时间概率的计算,常用的模型有Gumbel分布、Weibull分布、对数正态分布、广义极值分布(GEV)以及Pearson-Ⅲ型分布模型等。为了弥补传统极值模型数据点稀疏性的缺点,研究者提出了聚焦数据厚尾部分的超阈值分布理论,如广义帕累托分布模型(GPD)。上述极值分布模型均为单变量频率方法,目前在气象、水文领域,基于Copula理论的多变量频率分析已经得到广泛应用。Copula函数能够有效地分析多维联合分布,在水文气象领域,许多专家学者进行了大量的研究,在地质灾害危险性评价领域,大多数研究还是基于经典的极值分布模型进行诱发因素重现期的计算,也有部分学者将Copula理论应用到滑坡危险性评价中,如谭坦(2016)建立二元Copula函数模型作为边缘分布及联合分布的连接函数对泾河南岸黄土滑坡进行危险性评价。

3. 气象风险评价研究现状

地质灾害的形成与地质条件、气象条件和人类工程活动等多种因素的综合作用密切相关,而降雨是诱发地质灾害的主要外部因素。据李媛(2004)的统计结果,我国地质灾害中全部的泥石流、90%的滑坡和81%的崩塌均由降雨诱发。由此可见,地质灾害的发生与降雨关系密切,可用降雨量来进行地质灾害预报预警。

国外学者对气象风险的相关研究起步较早。美国学者对Cleveland Corral区域的同一滑坡体进行了两次研究指出:深层缓慢下移变形的滑坡由持续降雨入渗深层引发,滑坡发生在降雨几周或几个月后;而浅层突发滑坡则发生在明显降雨2周内,滑坡发生在降雨后期,滞后较少。而其他研究表明,西雅图地区的大多数滑坡是由强降雨(1d或2d内降雨达到50~70mm)直接引起的。对于意大利的Ruinon区域,研究发现该区域年均降雨为750mm,发生低强度和短持续时间的降雨事件(8~10mm/d、持续几天)时,滑坡的加速不太明显;而短持续时间但强度高的降雨事件(10~15mm/d、持续2~3d)能引起滑坡的加速位移。韩国的研究则指出,台风引发的极端降雨导致密集山体滑坡,例如2002年Rusa台风引发1500次滑坡,12h雨量超过895mm;2003年Maemi台风引发1200次山体滑坡,最大日雨量为410mm,最大小时雨量为89.5mm。

降雨与地质灾害之间存在密切的关系,因此可以将地质灾害预报简化为降雨与地质灾害发生的判别关系。地质灾害的发生取决于一个临界雨量值,当达到这个临界雨量值时,地质灾害可能呈现多发和集中暴发的情形。国内自20世纪90年代开始,对降雨诱发地质灾害的物理机制和预报预警方法也进行了大量相关研究。陈景武(1987)、谭炳炎(1985)和谭万沛(1989)对单地质灾害点和区域地质灾害点预警开展了一系列研究。目前的研究普遍认为,当前降雨、前期降雨、雨强以及降雨持续时间等是建立地质灾害临界雨量模型的主要指标(因子)。2003年国土资源部与国家气象局签订《关于联合开展地质灾害气象预报预警工作协议》后,国家气象局开始在汛期发布联合预警信息,代表着我国地质灾害气象风险预警由理论研究转向应用研究。目前,现有的地质灾害预警方法可分为3类:①适用于单灾害体或监测预警试验区的动力预报法模型；②仅考虑单个(类)参数的临界降雨模型,也称第一代预警模型,如Caine的I-D模型；③综合考虑气象因素和地质环境指标的第二代预警模型。第二代预警模型主要包括逻辑回归方法、MaxEnt模型、模糊模型、人工神经网络模型和信息量法模型等,在2008年后逐渐由国家级向省级应用推广。

近年来,全球、区域数值天气预报模式已能够提供较为准确的定量降雨预报,传统统计方法和机器学习等模式后处理技术有效减少了模式降雨预报误差。与此同时,我国基于多源信息融合同化和多尺度模式的无缝隙精细化智能网格降雨预报在提升降雨预报能力方面取得了显著成果。由于我国地域广阔,地形地质条件复杂,地势起伏巨大,南北气候差异明显,各地区降雨诱发地质灾害的雨量差异较大,因此需要进行地质灾害风险区划,以便在各区域开展降雨诱发地质灾害阈值研究。

4. 地质灾害风险评价研究现状

早在20世纪30年代,国外就开始了对自然灾害的风险进行研究与分析。1984年,Varnes首次提出了地质灾害风险的概念,将地质灾害风险定义为各类地质灾害导致损失的可能性,即灾害发生的可能性以及对人类生命和财产造成破坏的可能性。这一概念准确地界定了地质灾害风险,得到了国内外地质灾害研究者的广泛认同,成为进行区域地质灾害风险评估的基础。

自20世纪80年代以来,地质灾害风险研究理论不断创新,出现了一些地质灾害风险评估的理论框架,研究内容日益丰富,研究方法逐渐增多,灾害风险评估开始从传统的定性研究模式转向定量研究阶段。20世纪90年代联合国公布了自然灾害风险的评估方法,提出并完成了以降低地质灾害造成损失的30%为目标的十年计划,标志着地质灾害风险评估研究的兴起,一系列风险评估报告如同雨后春笋般出现。如法国在1982年提出了风险预防规划,统计了全国范围内处在地质灾害风险中的城镇数量。中国香港地区在20世纪90年代中期开始,在之前研究计划的基础上,重新对边坡进行了编目,识别了近60 000个边坡,采用定量的风险评价方法,对全部边坡进行分级评价,进一步明确了滑坡灾害的风险。意大利在1999—2000年两年时间里完成了全国的1∶25 000地质灾害危险性区划图和更大比例尺(1∶5000、1∶2000)的地质灾害风险区划图。1999年瑞士尝试使用联邦环境署(BUWAL)风险评价方法,将滑坡灾害图与土地利用图进行叠加,根据详细的财产和人口资料对这些地区进行定量风险评价。进入21世纪,欧美等西方国家先后建立起全国性和地区性的风险管理协会,其中有美国地质调查局(USGS)、加拿大不列颠哥伦比亚职业工程师和地质学家协会、澳大利亚地质力学学会国际滑坡和工程边坡联合技术委员会(JTCI)。2005年滑坡灾害风险管理国际会议对地质灾害风险评估的基本理论、方法、经验及实例进行了总结、研究及讨论,地质灾害风险评估进入了"黄金时期"。

国内地质灾害风险评价起步于20世纪80年代,当时的研究主要集中在水文地质和工程地质等领域,主要包括对地质灾害形成机理和趋势的预测。随着时间的推移,国内学者逐渐深入研究,提出了一系列地质灾害风险评价的框架和方法。在20世纪90年代,学者张业成等首次提出了滑坡灾害风险评价的初步框架,为这一领域的理论奠定了基础。王礼先等

(1998)对泥石流的危险度和风险评价提出了判定方法和研究思路。随后,刘希林等(2000)基于大量调查统计数据,发展了一套泥石流风险评价的原理和方法,并对云南省和四川省的地质灾害进行了研究。进入 21 世纪初,随着遥感(RS)技术和地理信息系统(GIS)在国际地质灾害风险评价中的广泛应用,国内学者开始使用这些技术进行基于 GIS 的地质灾害风险评价工作,使地质灾害风险评价成为研究的热点。不同学者提出了各种评价方法,如基于 GIS 的滑坡灾害风险分析系统、灰色关联分析方法、结合 BP 神经网络模型的评价方法等,应用于具体的地区研究。在国土资源部(现为自然资源部)的支持下,从 2005 年开始全国县市 1∶50 000 地质灾害详细调查工作逐步开展,为地质灾害风险评价提供了更加精细的数据支持。学者们根据这些数据进行了大量的研究,涉及地质灾害易发性、危险性和风险评价等多个方面。

目前,尽管我国在地质灾害风险评价这一领域取得了显著的进展,但仍然存在一些问题,如缺乏统一的评价方法和标准、对评价结果的比较方法不够系统、新技术在地质灾害评价中的应用仍需深入研究等。展望未来,地质灾害风险评价理论将更加全面,研究内容将更加广泛,技术方法将更加先进,发展将更加迅速。

三、国内外地质灾害风险管控研究进展

风险管理 20 世纪 30 年代始于美国,地质灾害风险管理于 80 年代末 90 年代初开始流行,它包括风险识别、风险评价以及风险减缓措施制订与实施的全过程。地质灾害风险管理再加以人为防范控制,就形成了地质灾害风险管控,是防灾减灾的有效途径。

我国在地质灾害风险管控方面起步相对较晚,但在短时间内取得了显著的成效,发展迅猛。过去数十年间,国务院及国土资源部(现为自然资源部)一直致力于该领域的工作。1993 年展开了 1∶50 万环境地质调查,1999 年进行了约 2000 个县(市)的 1∶10 万丘陵山区地质灾害调查与区划,2003 年国务院发布了《中华人民共和国地质灾害防治条例》。2005 年,中国地质调查局代表团参加了在加拿大温哥华举办的滑坡风险管理国际会议,翻译了会议的 27 篇主要论文,形成了《滑坡风险评估论文集》,对国际滑坡风险管理的基本理论、方法和经验等进行了全面归纳总结。中国地质调查局还连续举办了多期滑坡风险评价培训班,部署并实施了一系列地质灾害风险调查与评价项目。例如,2006 年中国地质调查局部署开展了 1∶50 000 地质灾害调查试点,在全国范围推行,开启了地质调查系统在地质灾害风险管理方面的系统探索与推广之路。这些努力为我国在地质灾害风险管控领域的快速进步提供了坚实基础。

数十年来,针对我国各类灾情形势,相关科研院所一大批专家学者从不同技术领域开展了一系列与地质灾害监测预警相关的研究工作。地质灾害监测预警是一种长期、持续、跟踪式、深层次和各阶段相互联系的工作,是有组织的科学与社会行为,是对地质灾害风险进行有效管控的重要保障。我国地质灾害风险监测预警可大致分为群测群防和人防+技防两个过程。2004 年 3 月 1 日,国务院颁布的《中华人民共和国地质灾害防治条例》开始实施,条例明确规定地质灾害易发区的县、乡、村应当加强地质灾害的群测群防工作。该条例将我国群测群防体系正式系统化地搬上了台面。目前,国内的学者正在研究如何将群测群防体系信

息化,把群测群防信息化的工作纳入地质灾害防灾减灾网络平台的建设当中。

专业监测预警是地质灾害防治的重要手段,是人防+技防中技防的核心要素。自2019年起,自然资源部在全国范围内启动地质灾害监测预警实验工作,截至2021年6月,已有2.2万余处地质灾害监测预警实验点全面建成,进入试运行阶段。目前地质灾害监测预警技术主要可分为航空-航天对地调查监测技术、地面-井中测量调查监测技术及其他调查监测技术三大类。航空-航天对地调查监测技术主要包括光学卫星影像、卫星定位、航空物探测量、SAR图像、航空倾斜摄影等;地面-井中测量调查监测技术主要指地面和井中重、磁、电、震、放等综合物探测量,地面变形及其他物理量高精度检测技术等;其他调查监测技术包括陆基测雨雷达、气象观测、三维激光扫描、陆基测雨雷达等相关技术。而下一步的工作重点则是抓紧构建完善人防+技防的地质灾害监测预警新工作模式,结合原有群测群防工作体系,建立数据分析、预警发布、现场调查、应急处置、信息上报等环节工作机制,形成管理闭环;完善监测数据质量评价机制,着手开展监测数据质量评价,查找出问题项目、问题设备,并督促整改,着力提升监测数据质量,为有效预警提供保障;加强数据分析和预警模型研究,及时汇总有效预警案例,加强对监测曲线、预警模型的分析和总结,强化机器学习、人工智能等技术的运用,不断提高预警模型的有效性;对监测设备、预警平台等方面出现的问题进行系统总结,明确方向集中攻关,不断提升监测预警技术,进一步加强风险管控能力。

全球范围内,地质灾害风险管控一直在不断调整、完善和发展。各地根据独特的地质环境、自然条件、人类工程建设水平以及地质灾害分布的不同,采取各种不同形式的灾害风险管控措施。然而,不论形式如何变化,其核心目标始终是最大限度地减轻地质灾害对人类安全发展的不利影响。这一目标的实现不仅指导着社会经济的安全平稳发展,也关系到人民的生命和财产安全。

第三节 浙东南地质灾害风险管控难点

近20年以来,浙东南开展了大量的地质灾害调查研究工作,取得了丰富的调查研究成果,为开展地质灾害风险管控提供了坚实的基础。然而,受自然环境、技术手段和方法、工作精度等多种因素限制,仍对区内地质灾害成灾规律认识不足,很多风险隐患不能被及时、及早识别。据统计资料,2023年5号台风"杜苏芮"期间,高达78%的灾情发生在地质灾害风险管控范围之外。目前,浙东南地区地质灾害风险隐患还难以全面摸清,对风险隐患底数缺乏足够认识,对地质灾害风险精细化管控仍存在一定难度。

一、地质灾害在何地发生具有不确定性

浙东南地区地域广阔,地形多变,地质构造错综复杂,岩土体性质多样,降雨时空分布不均,人类工程活动频繁。受以上多重致灾因子的影响,浙东南地质灾害隐蔽性较强,灾害隐

患点难以准确辨识。此外,浙东南地质灾害与强降雨关系紧密,灾害点多分布在暴雨中心区域,呈现出群发性的特点,且由于强降雨的区域性、随机性,不同台风暴雨期地质灾害点的空间分布难以预测。因此,浙东南地质灾害在何地发生具有不确定性,加之台风暴雨的不确定性,地质灾害具有衍生性,难以准确判断地质灾害风险管控区域。

二、地质灾害在何时发生具有不确定性

浙东南地质灾害的发生时间主要受台风暴雨的控制,台风暴雨具有随机性和不均匀性,加上多种致灾因子的综合影响,导致了地质灾害发生的时间存在不确定性。目前,浙东南地质灾害的致灾机理尚不完全明晰,在面对岩土体风化程度不断加深、人类工程活动更加强烈、极端气候愈加频繁等未来不利因素时,即使能确定隐患点和风险防范区位置,也难以准确预测地质灾害具体的发生时间。此外,地质灾害在强降雨下呈现群发性及即雨即发的突发性特征,滞后时间短,难以准确预测发生的时间。

三、地质灾害风险如何管控具有复杂性

浙东南地质灾害承灾对象复杂多样,涉及人员、建筑物、交通、水利等多个方面,其经济价值评价和不同对象的防范难度不一,给地方开展地质灾害风险管控带来了困难。同时,缺少地方制度法规,多部门协调机制仍不完善,导致信息传递效率低,资源利用不充分,进而影响应急响应、救援和恢复工作的效率和及时性,削弱地质灾害风险管控工作的整体效果。此外,地质灾害发生的地点不确定,灾害发生概率预测困难,不同灾种的界限模糊,承灾对象具有模糊性,导致社会保险制度在实施时难以划定保险覆盖范围、明确投保对象、评估经济损失、判定保险责任,从而导致社会保险制度难以推行。最后,由于基层面对突发性地质灾害技术力量薄弱,公众防灾意识、避灾能力不强,监测预警、工程治理等管控措施不足,相关制度建设和经济社会因素滞后等多方面影响,浙东南地质灾害风险管控面临着多重复杂性。

总体来说,受地质灾害发生地点和时间的不确定性及其他各方面因素的影响与制约,浙东南地质灾害风险管控工作面临多方面的难题与挑战,在实际工作开展过程中仍存在较大的难度。

第四节 浙东南地质灾害风险管控发展概括

浙东南地质灾害防治发展大致可划分为3个阶段(图1-4),历经从被动到主动,从粗放到精细,从人防到人防+技防+机防相结合,从灾害点防控到隐患点+风险防范区双控的重大转变,是科学认识致灾机理,逐步健全风险管控机制,全面提升防灾减灾救灾能力的过程,体现了"人民至上,生命至上"的根本宗旨以及"以人为本,地质安全"的核心理念。

图 1-4 浙东南地质灾害风险管控发展阶段示意图

一、起步发展阶段（2003 年以前）

20 世纪 90 年代前，由于经济发展水平限制，普遍缺乏对地质灾害认识，我国地质灾害防治主要依靠人民自防自治，没有形成有组织的防灾减灾体系。1990 年鳌江镇山外村滑坡导致民房损坏 1073 间、伤亡 100 多人，浙江省地质第十一大队由此开启了浙东南首次地质灾害的系统调查，标志着浙东南地质灾害防治进入了起步发展阶段。

在此阶段，地质灾害调查沿袭了地质队传统的"就矿找矿"思想，以"就点找点"的方式开展，地质灾害主要依靠居民在生产生活过程中发现，在受灾人员上报后才开展地质灾害调查工作。地质灾害风险管控仍以人防为主，尚未形成地质灾害调查评价、勘查设计、风险管理体系，治理方法通常也较简单，一般采取清除、干砌石挡墙支挡等措施，尚未开发出专业的设计软件。1998 年《浙江省地质灾害防治管理办法》的出台，标志着浙江省地质灾害防治工作正式纳入行政管理轨道，浙江省国土资源厅组织力量对浙江全省地质灾害现状开展调查，编制相关规划，为浙东南地质灾害防治工作奠定了良好基础。1999 年，为治理温州市永嘉县瓯北镇屿塘山滑坡，浙江省地质第十一大队首次采用手工计算完成了抗滑桩治理滑坡的设计方案。该阶段地质灾害的调（勘）查与治理工作均针对已发生了的灾害体，主要针对发生后的地质灾害，只是一味被动地治理，没有体现主动预防、事前预防的理念，也没有涉及群测群防、搬迁避让等内容。

二、快速发展阶段（2003—2017）

2003 年 11 月，国务院颁布实施了《中华人民共和国地质灾害防治条例》，标志着我国地质灾害防治工作正式步入法治轨道，极大地推动了浙东南地质灾害防治步入快速发展阶段。

在此期间，浙东南发生了几起重大地质灾害事件。2004 年 8 月 13 日，受台风"云娜"的影响,乐清市龙西乡上山村发生特大泥石流地质灾害,造成18人死亡。时任浙江省委书记习近平、温州市委书记李强亲临现场指导救灾,提出"把温暖送到群众心中"[图1-5(a)]。2015年11月13日,丽水市雅溪镇里东村突发山体滑坡,造成27户房屋被毁,38名群众死亡[图1-5(b)]。2016年9月28日,受台风"鲇鱼"影响,丽水市遂昌县苏村发生大型滑坡,摧毁屋舍20余幢,死亡27人[图1-5(c)]。

(a)龙西乡上山村泥石流　　　(b)雅溪镇里东村山体滑坡　　　(c)遂昌县苏村大型滑坡

图1-5　浙东南重大地质灾害案例

以上3起地质灾害事件教训惨痛,引发人们思考如何减少地质灾害的发生,如何减轻地质灾害造成的损失。由此,浙东南开始重视灾前主动预防工作。2004年以来,浙东南地区开展了地质灾害搬迁避让的全面调查工作,逐步分期分批实施搬迁移民措施。2005年,为防范泥石流灾害,浙东南率先开展了小流域泥石流地质灾害调查评价工作。2006年,印发《温州市农村地质灾害防治知识培训行动方案》,率先开展了农村地质灾害防治知识培训行动。2009年,浙东南开展温州市中小学校舍地质灾害隐患调查工作及农村山区调查工作;同年,《浙江省地质灾害防治条例》文件出台,浙江省地质灾害法规制度体系逐步完善,开展了基层国土资源所地质灾害防治建设、地质灾害群测群防"十有县"建设,防治成效进一步凸显。2011年,温州市地质灾害气象预报预警系统建设项目顺利验收,浙东南地质灾害防治工作开始由被动向主动转变。2012年,温州市地质灾害防治管理信息系统正式投入使用,提高了浙东南地质灾害防治管理信息化能力;同年,温州市开展了1∶10 000农村山区地质灾害调查评价,填补了农村山区地质灾害调查工作的空白。2013年,完善温州市地质灾害防治管理信息系统,推进国土资源信息化"一张图"建设,实现地质灾害各项工作的动态管理。2016年,推进专业监测技术的应用,地质灾害预警水平得到提高,群专结合监测网络不断完善,首次引进激光测距监测仪,并在泰顺县筱村镇和罗阳镇成功试运行。通过这个阶段的工作,地质灾害从被动发现到主动排查,摸清了全区范围内地质灾害"家底",为主动防灾救灾提供了地质基础。

在此阶段,通过强调事前管理,工作模式从"以人防为主"逐步转变为"人防+技防",虽然在地质灾害主动预防、监测预警、综合治理方面取得了较大进步,但在风险管控中仍存在不足,造成较大人员伤亡和财产损失的地质灾害事件时有发生,传统的地质灾害防治思路已不适合经济发展、构建和谐社会的需要,为筑牢地质安全保障,开展地质灾害风险管控迫在眉睫,急需打通地质灾害防治基层"最后一公里"。

三、精细化发展阶段(2017年至今)

2017年,浙江省启动地质灾害隐患综合治理"除险安居"三年行动,浙东南地质灾害防治迈入精细化发展阶段,全面开启地质灾害防治新篇章,采取"避让搬迁为主,搬迁和治理相结合"的方式,实施避让搬迁589处,工程治理596处,从被动预防到主动预防,主动降低地质灾害风险。

2020年,为巩固"除险安居"行动成果,温州市开始实施地质灾害"整体智治"三年行动计划,着力完成"六个一"("识别一张图、监测一张网、管控一张单、指挥一平台、应急一指南、案例一个库")的"科学防控、整体智治"地质灾害风险管控总体目标。行动计划期间,温州市完成了全市12个县(市、区)1∶50 000地质灾害风险普查、45个1∶2000乡镇地质灾害风险调查,"温州市地质灾害动态预警综合平台项目"完成建设,深化打造地质灾害一张图、地质灾害物联网监测预警、暴雨型点状滑坡泥石流预报(警)地质灾害分析研判、地质灾害疑似风险区分析、互联网地质灾害气象风险预报(警)发布、地质灾害运维管理等子系统,辅助形成"即时感知、科学决策、精准服务、高效运行、智能监管"的地质灾害防治新格局。

2023年,开始实施地质灾害风险"智控提能"升级三年行动,以"一坡一卡管理""地灾智防"平台应用为代表,综合运用空-天-地一体化、地学大数据及多源信息融合判断等技术手段,加大普适性监测仪器应用力度,逐步推进并构建适用于不同地质灾害类型的自动化专业化监测预警网络。建立部门间合作协同体系,完善地质灾害预警系统,实现快速短临预报预警,构建面向未来的地质灾害多维度管理创新体系。计划到2035年底,建成地质灾害风险防控全国示范、东南沿海台风暴雨型地质灾害防治水平区域领先、地质灾害数字化改革跨越率先的地质灾害治理体系和治理能力现代化省份。

在此阶段,浙东南做到了全覆盖、无死角的地质灾害调查,完成了全域中高易发区的地质灾害精细化调查。通过引入先进技术,进一步强调专业技术设备在地质灾害防治中的作用,以提升地质灾害风险早期识别能力、监测能力、预警能力、防范能力和治理能力,构建地质灾害专业监测网络,并运用工程地质类比法对隐患点进行识别判断,建成"人防+技防+机防"的预警系统,建立地质灾害风险综合管理平台,充分提升地质灾害"整体智治"能力,确保"隐患点和风险防范区"结合,逐步实现从静态隐患管理向动态风险管控的转变。

第二章 浙东南地质灾害孕灾背景条件

第一节 地形地貌与地质灾害

地形地貌影响斜坡应力的大小和分布,影响斜坡的稳定性与变形破坏模式,是地质灾害形成的基础,在很大程度上决定了地质灾害能否形成以及灾害类型、数量、规模、势能和动能。本节以温州市2022年地质灾害普查数据为依据,从地貌单元、斜坡坡度、斜坡坡向3个方面论述地形地貌对地质灾害分布发育规律的影响。

一、地貌单元与地质灾害

温州市主要地貌单元可分为构造侵蚀中山、构造侵蚀低山、侵蚀剥蚀丘陵和冲海积平原4类,区内地质灾害点的分布与地貌单元密切相关(图2-1)。据统计资料,温州市不同地貌单元面积及其发育地质灾害点数如表2-1所示。

(1)河谷平原(海拔200m以下,坡度小于5°)面积4268km²,占温州市面积的36.76%。该区域地势平坦,地形开阔,地质环境条件简单,发育有地质灾害45处,主要由切坡建房引发。

(2)丘陵面积3005km²,占温州市面积的25.88%。该区整体高差小,村庄和人员多集中分布于平原和丘陵的交界地带,因此切坡现象较为常见,人类工程活动强烈,引发大量地质灾害,共有灾害点928处,占灾害总数的54.0%,是地质灾害最发育的区域。

(3)低山面积2807km²,占温州市面积的24.17%,该区地质构造较发育,工程地质条件较差,早期建设工程防护措施不到位,地质灾害也较发育,共有灾害点705处,占灾害总数的41.0%。

(4)中山面积1532km²,占温州市面积的13.19%。该区整体高程较大,村庄分布数量较少,人类工程活动一般,斜坡多为原始地形,因此地质灾害数量较少,共有41处,占灾害总数的2.4%。

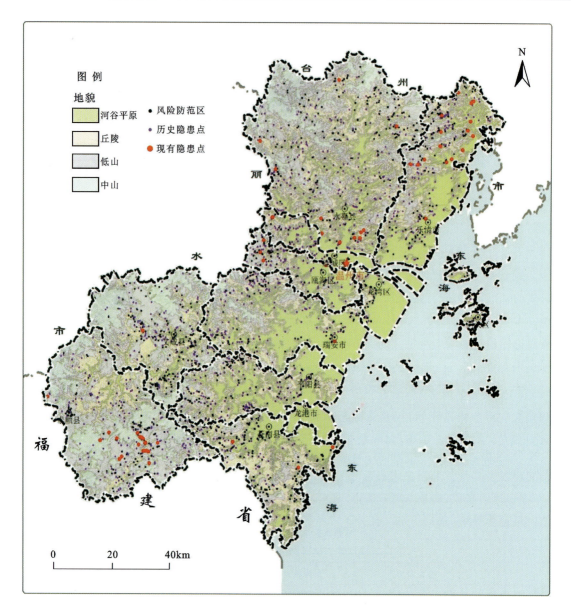

图 2-1　温州市地貌单元与地质灾害分布图

表 2-1　温州市地貌单元统计表

地貌形态	地貌单元	绝对高程/m	面积/km²	面积占比/%	灾害点数量/处(占比/%)
中山	构造侵蚀中山	≥1000	1532	13.19	41(2.4)
低山	构造侵蚀低山	500～1000	2807	24.17	705(41.0)
丘陵	侵蚀剥蚀丘陵	200～500	3005	25.88	928(54.0)
河谷平原	冲海积平原	<200	4268	36.76	45(2.6)

二、斜坡坡度与地质灾害

斜坡坡度对斜坡应力分布、地表水径流与冲刷、地下水、松散物质堆积及人类工程活动等均具有不同程度的影响和控制,从而影响斜坡的稳定性、变形速率和动能。温州市不同坡度斜坡上地质灾害分布发育情况如图2-2所示。对已查明的1719处地质灾害点分布坡度进行统计,结果见表2-2。其中,地质灾害分布坡度为0°~15°的有341处,占灾害总数的19.8%;坡度为15°~25°的有518处,占30.2%;坡度为25°~35°的有643处,占37.4%;坡度为35°~45°的有193处,占11.2%;坡度大于45°的有24处,占1.4%。

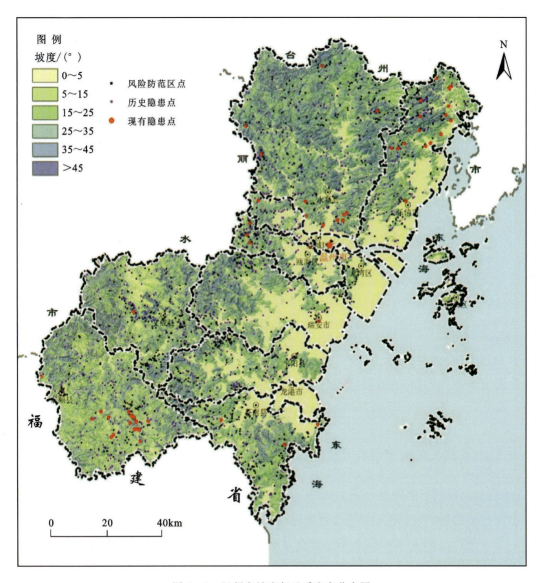

图2-2 温州市坡度与地质灾害分布图

表 2-2　温州市坡度与地质灾害分布关系表

坡度/(°)	0~15	15~25	25~35	35~45	45~90
面积/km²	4494	2319	2758	1693	248
灾害点数量/处(占比/%)	341(19.8)	518(30.2)	643(37.4)	193(11.2)	24(1.4)

斜坡变形需要具备良好的临空条件,不同坡度形成地质灾害的类型也不尽相同。从图 2-2 和表 2-2 中可以看出:坡度小于 15°时,斜坡的自然稳定性好,在不进行大规模开挖的情况下,发生地质灾害的可能性小,但是由于建房切坡大多在丘陵区,人为诱发的地质灾害数量较多;滑坡多发生在 15°~45°的斜坡上,处于该坡度范围内斜坡浅表层分布一定厚度的松散层,冲沟、负地形较为发育,在强降雨等不利条件下,自稳能力较差,在自然条件下或人为开挖坡脚的情况下,坡体的应力状态和分布改变,造成坡脚应力集中,易发生滑坡;泥石流一般发育于坡度在 25°~35°之间的两侧山体谷坡;大于 45°的自然斜坡一般基岩裸露,松散岩土体薄,多呈陡崖状地形,斜坡破坏形式以崩塌为主。

三、斜坡坡向与地质灾害

斜坡坡向对地质灾害也具有一定影响,太阳方位、山体走向的差异,均会不同程度影响自然条件和人为因素,从而影响地质灾害的发育。全区 8 个坡向均有灾害点分布(表 2-3),但总体来说,坡向为南、东南、南西 3 个方位斜坡发育的地质灾害相对集中,分别发育有 326 处、287 处、231 处,占灾害点总数的 19.0%、16.7%、13.4%。究其原因:一是与当地切坡建房的朝向多为坐北朝南有关,此坡向多形成高陡的人工开挖边坡;二是与该方向斜坡为向阳坡有关,易形成较厚的残坡积层和风化层。

表 2-3　坡向与地质灾害分布关系表

坡向/(°)	面积/km²	灾害点数量/处(占比/%)
平原区	2858	20(1.2)
北(337.5~22.5)	1143	156(9.1)
北东(22.5~67.5)	1063	180(10.5)
东(67.5~112.5)	1032	208(12.1)
东南(112.5~157.5)	1241	287(16.7)
南(157.5~202.5)	1372	326(19.0)
南西(202.5~247.5)	1060	231(13.4)
西(247.5~292.5)	848	166(9.7)
西北(292.5~337.5)	995	145(8.4)

第二节 地质构造与地质灾害

组成斜坡的岩土体只有被各种构造面切割分离成不连续状态时,才有可能向下滑动。同时,构造面又为降雨等水流进入斜坡提供了通道,故各种节理、裂隙、断层等构造发育的斜坡,特别是当平行和垂直斜坡的陡倾角构造面及顺坡缓倾的构造面发育时,最易发生地质灾害。温州地区主要的构造类型为断裂构造,褶皱不发育。温州市地质灾害分布与断裂构造关系如图2-3所示,已查明的地质灾害点发育数量与断裂构造距离关系如表2-4所示。由

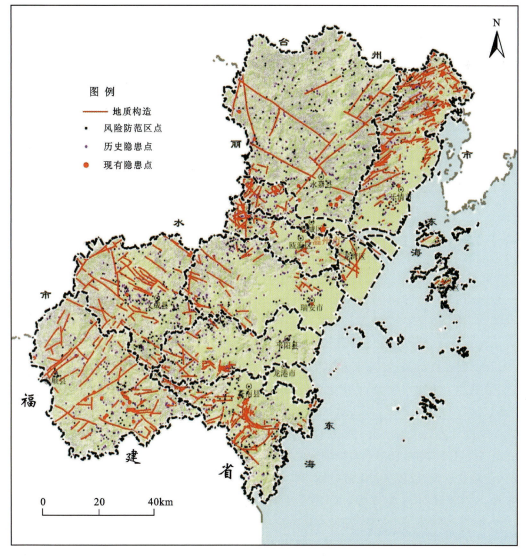

图2-3 温州市地质构造与地质灾害分布图

表 2-4 可知，1233 处地质灾害点分布于距断层 500m 的范围内，占灾害总数的 71.7%；486 处与断层距离超过 500m，占灾害总数的 28.3%。其中，距断层 50m 内的灾害点发育密度最大，为 118.972 处/100km^2；50~100m 范围的发育密度次之，为 101.550 处/100km^2；大于 500m 范围的发育密度最小，仅为 5.511 处/100km^2。断裂构造对地质灾害的发生有着很大的控制作用，它一方面破坏了岩体的完整性，使岩体破碎、更易风化，从而导致在构造带附近的斜坡带更易形成较厚的残坡积松散堆积土，为地质灾害发生提供了丰富的物质来源。另一方面，断裂带、节理、裂隙等地质构造在特定的组合条件下，如倾向坡外、倾角小于坡角的节理面组合，它们本身就可以构成滑坡的滑动面或崩塌体与母岩的分离界面，控制着地质灾害的空间产出位置及其规模。此外，断裂构造也为降雨、地表水、地下水的渗透提供了有利的通道，使其附近岩土体软化，削弱了岩土体的抗剪强度，增大了岩土体中的动水压力及坡体自身的重量，为灾害的形成和发生提供了极为有利的条件。

表 2-4 温州市地质灾害分布与断层距离统计表

灾害点与断层距离/m	<50	50~100	100~300	300~500	≥500	小计
面积/km^2	253	258	1164	1119	8818	11 612
灾害点数量/处(占比/%)	301(17.5)	262(15.2)	311(18.1)	359(20.9)	486(28.3)	1719(100)
发育密度/(处·100km^{-2})	118.972	101.550	26.718	32.082	5.511	14.804

第三节 工程地质岩组与地质灾害

影响斜坡稳定性的因素复杂多样，而地层岩性和岩土体类型决定斜坡物质强度以及抗风化能力，是地质灾害发生、发展的物质基础条件和根本因素。温州市已查明的地质灾害点在各工程地质岩组中分布情况如图 2-4 所示，各工程地质岩组中发育的灾害数量见表 2-5。其中，在以坚硬块状晶、玻屑凝灰岩为主的岩组和以坚硬块状熔结凝灰岩为主的岩组中发育最多，分别为 471 处、376 处，占灾害点总数的 27.4%、21.9%；在以坚硬块状花岗岩为主的酸性岩岩组，以较坚硬中—厚层状红色砂岩、砂砾岩为主的粗碎屑岩岩组和以坚硬块状流纹岩为主的酸性岩岩组中地质灾害发育也较多，分别为 250 处、198 处、191 处，占灾害点总数的 14.5%、11.5% 和 11.1%；在以较坚硬辉绿岩等为主的基性岩岩组，坚硬—较坚硬块状片麻岩、变粒岩岩组，以较坚硬—较软弱层状粉砂岩、泥岩为主的细碎屑岩岩组中，地质灾害发育极少，分别为 1 处、4 处、4 处，占灾害点总数的 0.1%、0.2%、0.2%。

此外，工程地质岩组不同，其发育的地质灾害类型亦不同，如坚硬、较坚硬地层节理裂隙发育，由于卸荷作用在陡崖地段极易形成崩塌灾害；软硬相间岩层，岩性差异大，岩石的差异风化造成的大量松散物质由于重力作用堆积在坡脚，为滑坡、泥石流提供物质来源；岩性软

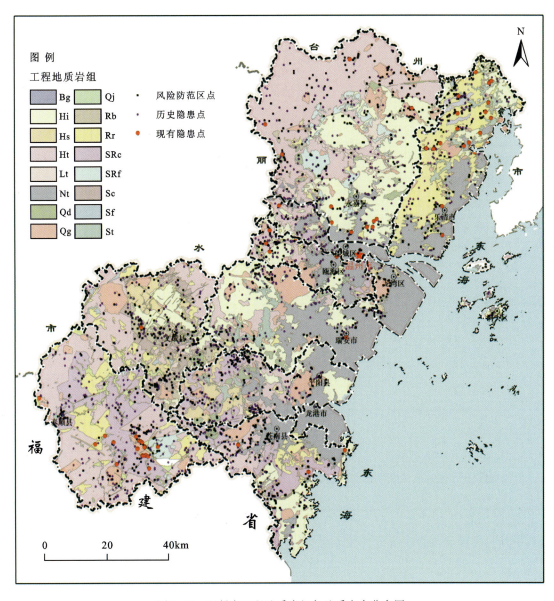

图 2-4 温州市工程地质岩组与地质灾害分布图

弱地层,在构造作用及其他外动力作用影响下,易成为潜在的滑动面或滑动带,具备发育滑坡的基本条件。温州市出露的地层主要为火山碎屑岩含沉积夹层或沉凝灰质火山碎屑岩,岩石节理裂隙发育,抗风化能力较差,易形成较厚的松散残坡积层;在坡度较陡的斜坡或存在高边坡的人工削坡,极易引发滑坡、崩塌等地质灾害;花岗岩和闪长岩等侵入岩中地质灾害相对较发育,侵入岩浅表层岩石节理发育、岩石破碎,易风化,形成的堆积物以松散的碎石粉土为主,在暴雨冲刷或霾雨浸润下,土体含水量饱和,整体稳定性下降,易发生滑坡、泥石流等地质灾害。

表 2-5 温州市地质灾害点工程地质岩组分布统计表

序号	工程地质岩组	代号	分布面积/km²	灾害点数量/处（占比/%）	发育密度/（处·100km⁻²）
1	淤泥质土、黏性土、粉砂土	Nt	2000	10(0.6)	0.50
2	松散砂砾土、亚砂土、亚黏土	St	270	12(0.7)	4.44
3	松散—中密砾石类土	Lt	157	23(1.3)	14.65
4	坚硬块状熔结凝灰岩	Hi	2054	376(21.9)	18.31
5	坚硬块状晶、玻屑凝灰岩	Ht	3117	471(27.4)	15.11
6	较坚硬块状—层状凝灰质沉积碎屑岩	Hs	253	34(2.0)	13.44
7	以坚硬块状流纹岩为主的酸性岩	Rr	1014	191(11.1)	18.84
8	以坚硬块状玄武岩为主的基性岩	Rb	142	14(0.8)	9.86
9	坚硬—较坚硬块状片麻岩、变粒岩	Bg	9	1(0.1)	11.11
10	以坚硬块状花岗岩为主的酸性岩	Qg	969	250(14.5)	25.80
11	以较坚硬辉绿岩等为主的基性岩	Qj	37	4(0.2)	10.81
12	以较坚硬—坚硬块状闪长岩为主的中性岩	Qd	173	26(1.5)	15.03
13	以较坚硬中—厚层状红色砂岩、砂砾岩为主的粗碎屑岩	SRc	969	198(11.5)	20.43
14	以较坚硬中层状红色粉砂岩、泥岩为主的细碎屑岩	SRf	214	43(2.5)	20.09
15	以坚硬块状砂岩、砂砾岩为主的粗碎屑岩	Sc	201	62(3.6)	30.85
16	以较坚硬—较软弱层状粉砂岩、泥岩为主的细碎屑岩	Sf	33	4(0.2)	12.12

第四节　气象水文与地质灾害

温州市地处我国东南沿海，属亚热带海洋型季风气候，年内降水分布不均，强降雨出现在每年6月的梅雨时节及每年8—9月的台风期间。降雨是滑坡、崩塌和泥石流发生的重要诱发因素，特别是暴雨和持续强降雨最容易激发滑坡、崩塌、泥石流等突发性地质灾害。对于温州市已发生的崩塌、滑坡、泥石流地质灾害，降雨的激发作用主要表现为：①增加容重。降雨大量渗入岩土体后，使得斜坡上的岩土体饱和，自身重度增加，下滑力增大，造成坡脚应力集中。当斜(边)坡本身处于不稳定状态时，降雨将使稳定性将显著下降。②软化作用。岩土体在吸水后，强度会显著降低。对于岩质斜坡而言，当岩体或其中的软弱夹层亲水性较强、含有易溶性矿物时，浸水后发生崩解、泥化等作用，岩石和岩体结构遭受破坏，抗剪强度降低,斜坡稳定性降低。区内全风化凝灰岩亲水性很强,雨水对其软化作用显著,斜坡容易发生变形破坏。③静水压力作用。当岩质斜坡中的张裂隙充水后,水柱对坡体产生静水压力。在降雨和地下水活动的作用下,岩质斜坡中后部的拉张裂隙和陡倾节理充水,裂隙两侧的岩土体将承受静水压力作用,对不稳定块体产生指向临空面的推力,不利于斜坡的稳定。暴雨或持续强降雨时,一些斜坡产生崩塌和滑坡,往往与此类静水压力作用相关。④动水压力作用。当斜坡岩土体是透水的,降雨沿坡面入渗后沿着岩土交界面流动,水力梯度作用会形成一定的水压力差,水压力差方向与渗流方向、斜坡坡向一致,对斜坡稳定性产生不利影响。

此外,对已查明的地质灾害点发生时间进行分析可知,温州市地质灾害属典型的台风暴雨型地质灾害,主要有如下特征:

(1)强降雨发生时段也是地质灾害高发时段,台风暴雨期是地质灾害发生最集中的时期。1990—2021年期间,温州市造成人员伤亡的地质灾害共有43处(表2-6),因降雨直接引发的有39处(占比90.7%)。其中,台风暴雨引发的达36处(占比83.7%),梅汛期降雨引发2处,强对流天气引发1处。36处台风暴雨引发的地质灾害共造成112人死亡、45人受伤。地质灾害一般发生于某次台风暴雨期间的中后期,一方面前期已积累了一定的降雨量,另一方面短历时强降雨迅速激发了地质灾害。

表 2-6 1990—2021 年温州市重要地质灾害事件发生时段分布表　　　　单位:处

序号	县(市、区)	发生时段				合计
		台汛期	梅汛期	强对流天气	无降雨	
1	乐清市	8	0	0	2	10
2	永嘉县	9	0	0	0	9
3	文成县	6	0	0	0	6
4	平阳县	3	1	0	1	5
5	苍南县	4	0	0	0	4
6	泰顺县	2	1	0	0	3
7	瑞安市	2	0	1	0	3
8	瓯海区	1	0	0	1	2
9	洞头区	1	0	0	0	1
	总计	36	2	1	4	43

(2)高强度降雨引发的滑坡和泥石流集中于暴雨中心区。暴雨期间,滑坡和坡面泥石流零星发生;若遇特大暴雨则大量发生,在降雨中心成群出现。坡面泥石流多发生在暴雨等值线的中心区域,陡斜坡坡面泥石流的发生与高强度降雨具有高度的时空一致性。如2004年"云娜"台风暴雨中心位置为北雁荡山区,群发性坡面泥石流发生在乐清市龙西乡、仙溪镇、福溪乡一带;2016年"莫兰蒂"台风期间,泰顺县中部发生严重的坡面泥石流地质灾害,其分

布位置与台风暴雨中心(泰顺县三魁筱村片区)一致(图2-5)。一般情况下,台风带来的高强度降雨,其过程雨量中心与短历时暴雨中心基本重叠,而群发性坡面泥石流发生的空间位置与强降雨运移轨迹基本一致,即具有时空一致性。

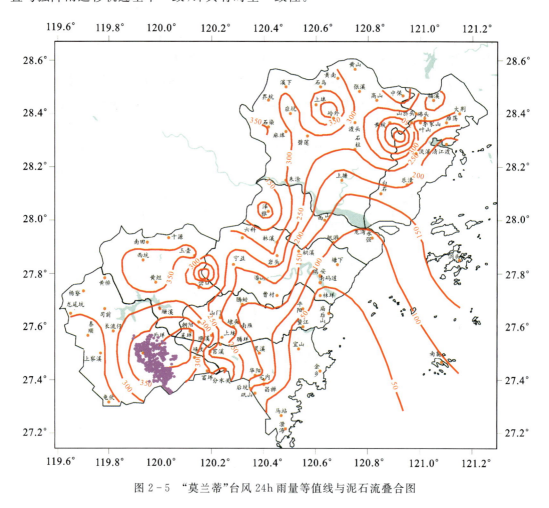

图2-5 "莫兰蒂"台风24h雨量等值线与泥石流叠合图

(3)温州市地质灾害具有不均匀性集中暴发的特点。从年际分布来看,地质灾害主要发生在台风暴雨灾害性天气严重的年份,如1999年、2004年、2005年、2007年、2009年、2015年、2016年和2019年。以乐清市为例,在2004·14"云娜"台风期间,共发生地质灾害50处。

(4)台风暴雨引发地质灾害具有分区性。1990年以来,有11处台风引发地质灾害直接造成人员伤亡。除了1999年"芸蒂"强热带风暴在广东省登陆外,其余10处台风均在浙江省或福建省登陆。在飞云江以北登陆的"云娜""麦莎"和"黑格比"3处台风,强降雨中心主要位于乐清和永嘉交界的北雁荡山区,对乐清和永嘉两地造成极大的人员伤亡和经济损失。2019年的"利奇马"也是该类型台风的典型代表,该台风造成了永嘉县岩坦镇山早村重大自然灾害。此外,在飞云江以南地区的苍南及福建中北部登陆的"泰利""苏迪罗"等7处台风,强降雨对文成、泰顺、平阳、苍南、瑞安等地造成重大影响。其中,"泰利"台风造成文成县 17 人因地质灾害死亡。2016 年的"莫兰蒂"台风也曾造成泰顺县中部群发地质灾害。

第五节 人类工程活动与地质灾害

温州市多为低山丘陵地貌,土地资源紧缺,人类工程活动强烈,主要有切坡建房、交通、水利等基础设施建设和开山采石等工程施工活动。这些人为工程活动不仅局部改变了原始的地貌形态,同时在一定程度上破坏了地质体结构稳定性,造成岩土体松动破碎。已查明的 1719 处地质灾害中有 994 处与人类工程活动有关,占总地质灾害的 57.8%(表 2-7)。

表 2-7 温州市地质灾害主要影响因素统计表

人类工程活动	切坡建房	线性工程	开山采矿	其他
灾害点数量/处	873	47	6	68
占总地质灾害点比例/%	50.8	2.7	0.3	4.0

(1)山区切坡建房现象较普遍,大多无支护或进行简易支护。切坡破坏了原有山体的自然平衡状态,易发生滑坡和崩塌(图 2-6、图 2-7)。根据 2021 年全市山区农村切坡建房调查数据,全市有 184 264 处切坡建房,其中不稳定 717 处、欠稳定 26 567 处。

图 2-6 山区切坡建房导致滑坡　　　　图 2-7 山区切坡建房导致崩塌

(2)铁路、公路等线性工程的修建,特别是康庄公路和林区道路工程,开挖山体形成大量的高边坡,受结构面、卸荷裂隙、风化裂隙以及爆破影响,边坡上部岩土体易失稳破坏,发生滑坡、崩塌等地质灾害(图 2-8、图 2-9)。

图2-8　甬台温高速公路乐清段崩塌　　　　图2-9　叶山康庄公路（大岩洞）崩塌

（3）耕地垦造是浙东南山区重要的人类工程活动，其改变斜坡地质环境、降低斜坡稳定性，易导致滑坡灾害发生，或为泥石流发生提供物源基础，成为诱发地质灾害不可忽略的因素（图2-10、图2-11）。

图2-10　筱村朱岙村垦造耕地滑坡（一）　　　图2-11　筱村朱岙村垦造耕地滑坡（二）

（4）在开山采石（矿）中形成高陡边坡，由于爆破、开挖等，卸荷裂隙尤为发育，极易发生崩塌灾害（图2-12）。此外，水库蓄水易诱发滑坡灾害（图2-13）；工程弃渣处置不当，遭遇强降雨易发生滑坡和坡面泥石流灾害（图2-14、图2-15）。

图 2-12 瓯海区横仙河社区矿山崩塌

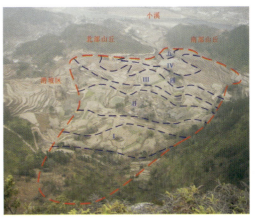
图 2-13 水库蓄水诱发北山镇泉山滑坡

图 2-14 堆积在负地形上的弃渣

图 2-15 冲沟最上端弃渣堆积

第六节 孕灾地质条件复杂程度分区

孕灾地质条件指地质灾害孕育、形成的地质环境条件，主要包括工程地质岩组、易崩易滑地层、斜坡结构、软弱层、风化程度、岩体结构、地形地貌、地质构造、堆积层厚度、地下水等要素。根据温州市孕灾地质条件及地质灾害发育特征，选取地形地貌、地质构造、工程地质岩组、岩体结构、松散层厚度、风化程度6项因子并确定其复杂程度分区权重（表2-8），借助ArcGIS的空间分析、叠加分析功能，加权计算得到各区孕灾地质条件综合值，最后根据孕灾地质条件复杂程度划分标准（表2-9）对各地区进行孕灾地质条件复杂程度分区划分等级，研究区可划分为复杂、中等、简单3种等级。

表 2-8 温州市孕灾地质条件分区权重表

序号	评价指标			
	指标	权重	指标分类	赋值
1	地形地貌	0.1	侵蚀剥蚀丘陵	5
			构造侵蚀低山	3
			构造侵蚀中山	2
			冲海积平原	1
2	与地质构造距离/m	0.3	<50	5
			50~<100	4
			100~<300	3
			300~<500	2
			≥500	1
3	工程地质岩组	0.3	Rr、Nt、St、Lt	1
			Qd、Hi、Bg、Qj、Rb	2
			SRc、Sf、Sc	3
			Ht、Hs、SRf	4
			Qg	5
4	岩体结构	0.1	岩石坚硬,结构完整	1
			岩石较坚硬,结构较完整	2
			岩体较破碎,镶嵌结构	3
			岩石破碎,有不连续软弱结构面	4
			岩体特别破碎,有连续软弱结构面	5
5	松散层厚度/m	0.1	<1	1
			1~3	4
			3~6	5
			6~12	4
			12~25	3
			≥25	2
6	风化程度	0.1	全	5
			强	3
			中	1

表 2-9 孕灾地质条件复杂程度划分标准

孕灾地质条件	复杂	中等	简单
标准指数值	3.7~5.0	2.0~3.7	1.0~2.0
分区代号	Ⅲ	Ⅱ	Ⅰ

根据以上分级方法及标准，并兼顾区域的连续性、完整性以及突发地质灾害分布情况，得出温州市孕灾地质条件复杂程度分区图（图2-16）。将温州市孕灾复杂程度划分为3个区、24个亚区，各亚区特征、分布面积及复杂程度见表2-10。

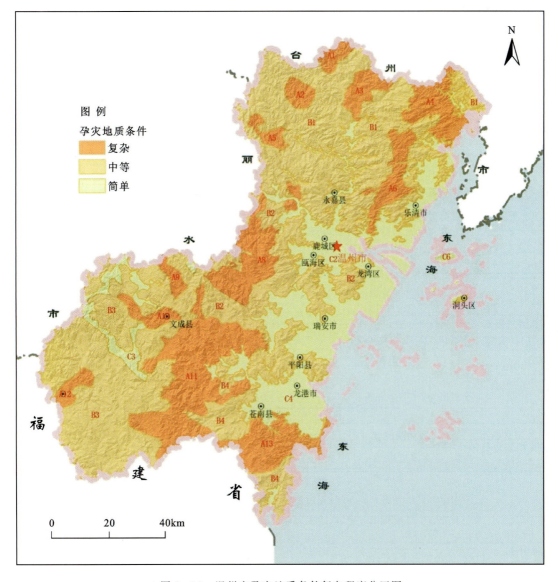

图 2-16 温州市孕灾地质条件复杂程度分区图

表 2-10　温州市孕灾地质条件复杂程度分区一览表

分区级别	分区名称	主要特征	面积/km²	复杂程度
I	A1	主要分布于永嘉岩坦北部,地貌属于中低山丘陵区,山体高大陡峻,主要出露下白垩统小平田组和高坞组,分布石英正长岩等侵入岩,构造较为发育	81.31	复杂
I	A2	主要分布于永嘉碧莲-岩坦交界处,地貌属于中低山丘陵区,山体高大陡峻,分布下白垩统小平田组,分布有花岗岩和英安玢岩等侵入岩,构造较为发育	80.24	复杂
I	A3	主要分布于永嘉岩头-云岭-岩坦交界处,地貌属于中低山丘陵区,山体较高大陡峻,主要出露下白垩统小平田组和高坞组,分布有花岗闪长岩和钾长花岗岩等侵入岩,构造较发育	144.72	复杂
I	A4	主要分布于乐清仙溪—雁荡,地貌属于中低山丘陵区,山体高大陡峻,主要出露下白垩统小平田组、高坞组和西山头组等,分布石英正长岩等侵入岩,构造较为发育	295.79	复杂
I	A5	分布于永嘉巽宅—茗岙,地貌属于中低山丘陵区,山体高大陡峻,主要出露下白垩统小平田组、高坞组、西山头组等,分布二长花岗岩等侵入岩,构造较为发育	71.17	复杂
I	A6	主要分布于乐清岭底—北白象,地貌属于中低山丘陵区,山体高大陡峻,主要出露下白垩统小平田组、西山头组等,分布霏细斑岩、安山玢岩等侵入岩,构造较为发育	229.27	复杂
I	A7	主要分布于永嘉桥下—鹿城山福,地貌属于低山丘陵区,主要出露下白垩统小平田组和西山头组,位于淳安-温州大断裂与泰顺-黄岩大断裂交会处,构造较为发育,坡脚人类工程活动较强烈	33.75	复杂
I	A8	主要分布于瓯海泽雅—瑞安湖岭,地貌属于低山丘陵区,主要出露下白垩统西山头组和高坞组,区内有泰顺-黄岩大断裂经过,构造较为发育	366.29	复杂
I	A9	主要分布于文成玉壶西南,地貌属于低山丘陵区,主要出露下白垩统九里坪组和朝川组,分布霏细斑岩侵入岩	66.22	复杂
I	A10	主要分布于文成大峃—西坑,地貌属于低山丘陵区,主要出露下白垩统小平田组、朝川组和馆头组,区内人类工程活动较强烈	97.05	复杂
I	A11	主要分布于泰顺彭溪—瑞安高楼,地貌属于中低山丘陵区,主要出露下白垩统小平田组、朝川组、馆头组、九里坪组、西山头组等,分布钾长花岗岩、花岗闪长岩侵入岩,区内构造较为发育	984.49	复杂
I	A12	主要分布于泰顺罗阳—百丈,地貌属于低山丘陵区,主要出露下白垩统馆头组和九里坪组,分布钾长花岗岩侵入岩,区内人类工程活动较强烈	87.34	复杂
I	A13	主要分布于苍南桥墩—金乡,地貌属于低山丘陵区,主要出露下白垩统小平田组、朝川组、馆头组、西山头组,分布钾长花岗岩、霏细斑岩侵入岩,区内人类工程活动较强烈	378.61	复杂

续表 2-10

分区级别	分区名称	主要特征	面积/km²	复杂程度
Ⅱ	B1	主要分布于北部永嘉—乐清,地貌属于中低山丘陵区,主要出露下白垩统小平田组、朝川组、馆头组、西山头组,分布钾长花岗岩、霏细斑岩侵入岩,局部人类工程活动较强烈	2 388.73	中等
	B2	主要分布于中部鹿城—平阳,地貌属于低山丘陵区,主要出露下白垩统小平田组、朝川组、馆头组、西山头组,分布钾长花岗岩、霏细斑岩侵入岩,局部人类工程活动较为强烈	1 099.09	中等
	B3	主要分布于西部文成—泰顺,地貌属于中低山丘陵区,主要出露下白垩统小平田组、朝川组、馆头组、西山头组,分布钾长花岗岩、霏细斑岩侵入岩,局部人类工程活动较强烈	2 179.86	中等
	B4	主要分布于南部苍南,地貌属于低山丘陵区,主要出露下白垩统小平田组、朝川组、馆头组、西山头组,分布钾长花岗岩、霏细斑岩侵入岩,局部人类工程活动较强烈	480.07	中等
	B5	主要分布于东部洞头,地貌属于低山丘陵区,以下白垩统西山头组为主,分布钾长花岗岩侵入岩,局部人类工程活动较为强烈	9.80	中等
Ⅲ	C1	主要分布于乐清北部平原区,地形开阔,冲洪积平原	40.23	简单
	C2	主要分布于温州中部平原区,地形开阔,冲洪积、冲海积平原	1 634.13	简单
	C3	主要分布于文成-泰顺平原区,地形开阔,冲洪积平原	239.16	简单
	C4	主要分布于平阳-苍南平原区,地形开阔,冲洪积、冲海积平原	481.72	简单
	C5	主要分布于苍南马站平原区,地形开阔,冲海积平原	19.46	简单
	C6	主要分布于洞头平原区,地形开阔,冲洪积、冲海积平原	128.01	简单

第三章

浙东南地质灾害风险调查评价

第一节 调查评价思路与依据

一、调查评价思路

浙东南地质灾害风险调查评价工作思路如下：首先，在收集整理区内已开展的区域地质及地质灾害相关资料的基础上，开展区内孕灾地质背景调查、致灾体调查和承灾体调查工作，并进一步选取和量化地质灾害评价因子，采用合适的评价方法，开展地质灾害易发性评价；其次，在易发性评价的基础上，考虑降雨因素的影响程度及分区，对浙东南地质灾害危险性进行评价；最后，对浙东南人口、经济等承灾体易损性进行评价，再结合易发性、危险性评价结果，进行地质灾害风险评价，获得浙东南地质灾害风险区划结果，为浙东南地质灾害风险管控工作提供依据。浙东南地质灾害风险调查评价技术路线如图 3-1 所示。

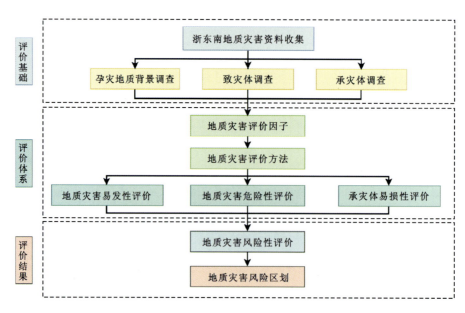

图 3-1 浙东南地质灾害风险调查评价技术路线图

二、调查评价依据

[1]《地质灾害危险性评估规范》(GB/T 40112—2021);

[2]《岩土工程勘察规范》(2009年版)(GB 50021—2001);

[3]《滑坡防治工程勘查规范》(GB/T 32864—2016);

[4]《滑坡崩塌泥石流灾害调查规范(1∶50 000)》(DZ/T 0261—2014);

[5]《地质灾害风险调查评价技术要求》(1∶50 000)(FXPC/ZRZY P-01);

[6]《地质灾害危险性评估规范》(DB 33/T 881—2012);

[7]《浙江省乡镇地质灾害风险调查评价技术要求》(1∶10 000~1∶2000)(2017年12月);

[8]《浙江省乡镇(街道)地质灾害风险调查评价技术要求》(1∶2000)试行(2020年3月);

[9]《浙江省地质灾害风险防范区划定技术要求(试行)》(2020年4月);

[10]《浙江省县(市、区)地质灾害风险普查与乡镇(街道)地质灾害风险调查评价工作方案》(2020年10月);

[11]《浙江省自然资源厅关于进一步规范全省地质灾害风险防范区管理的通知》(2021年6月)。

第二节 致灾体调查评价

一、调查评价要点

致灾体调查应利用遥感解译、地面调查、钻探等方式,针对区内滑坡、崩塌、泥石流等地质灾害开展灾害要素、边界范围、规模、变形破坏等特征进行调查和统计,为地质灾害易发性、危险性和风险性评价及地质灾害防治分区提供依据。

1. 滑坡调查评价

(1)应调查滑坡所在斜坡的地层岩性、地质构造、斜坡结构类型、水文地质条件、人类活动等地质环境条件。

(2)应调查滑坡的类型、规模、形态、活动状态、运动形式、边界条件、活动历史等基本特征。

(3)应调查分析滑坡的诱发因素、分布规律、形成机理和成灾模式等,评价滑坡的稳定性、危险性和危害性。

2. 崩塌调查评价

(1)应调查崩塌发生斜坡的地层岩性、岩体结构、软弱层、节理裂隙、风化程度、地下水基本特征等。

(2)应调查崩塌的类型、分布高程、规模、活动状态、变形历史、堆积体规模及特征等。

(3)应调查崩塌诱发因素、形成机理、成灾模式、致灾范围等,圈定崩塌源和崩塌堆积区,分析崩落路径,评价崩塌的稳定性、危险性和危害性。

3. 泥石流调查评价

(1)调查分析泥石流物源区、流通区和堆积区的基本特征。

(2)调查泥石流的类型、地形地貌特征、松散物储量、沟口扇形地特征、水动力条件、活动状态、活动历史、堵塞程度等。

(3)调查泥石流的物源补给途径、一次冲出方量、防治情况、致灾对象等,评价泥石流的易发性、危险性和危害性。

二、致灾体调查结果

(一)地质灾害概况

1. 地质灾害类型

根据2022年完成的温州市地质灾害风险普查报告,温州市已查明的主要地质灾害类型有滑坡、崩塌、泥石流等突发性地质灾害共计1719处。其中,滑坡1067处,崩塌325处,泥石流327处,具体见表3-1。

表3-1 温州市突发性地质灾害类型统计表

地质灾害类型	灾害点数	占比/%
滑坡	1067	62.1
崩塌	325	18.9
泥石流	327	19.0
总计	1719	100.0

2. 地质灾害规模

根据《滑坡崩塌泥石流灾害调查规范(1∶50 000)》(DZ/T 0261—2014)中地质灾害规模级别划分标准,对温州市已查明的滑坡、崩塌、泥石流等突发性地质灾害点的规模级别进行划分,划分结果如下:突发性地质灾害以小型为主,共1547处,占总数的90%;中型104处,占总数的6.1%;大型33处,占总数的2.0%;特大型35处,占总数的2.0%。具体见表3-2。

表 3-2 温州市突发性地质灾害规模统计表

规模	滑坡/处	崩塌/处	泥石流/处	合计/处	占比/%
小型	1049	315	183	1547	90.0
中型	18	10	76	104	6.1
大型	/	/	33	33	1.9
特大型	/	/	35	35	2.0
合计	1067	325	327	1719	100

(二)地质灾害分布特征

1. 时间分布特征

通过对温州市已查明的地质灾害点进行整理统计(表 3-3、图 3-2),1999 年以前温州市记录在册的地质灾害较少,共计 54 处,约占总数的 3.1%,1999 年以后地质灾害的发生数量增多。历年台风期间发生的地质灾害汇总统计显示,温州市发生地质灾害的年际分布与台风的影响息息相关,发生地质灾害集中的年份一般也为台风影响强烈的年份。其中,发生于 1999 年"9.4"特大洪灾的地质灾害点有 133 处,2004 年台风"云娜"期间的地质灾害点有 77 处,2005 年台风"海棠"期间和台风"泰利"期间的地质灾害点有 103 处,2009 年台风"莫拉克"期间的地质灾害点有 79 处,2015 年台风"苏迪罗"期间的地质灾害点有 75 处,2016 年台风"莫兰蒂"期间的地质灾害点有 80 处,2019 年台风"利奇马"期间的地质灾害点有 66 处。

表 3-3 温州市地质灾害年份分布统计表

年份	1999 前	1999	2000	2001	2002	2003	2004	2005
灾害数量/处	54	144	15	19	17	17	94	186
年份	2006	2007	2008	2009	2010	2011	2012	2013
灾害数量/处	34	114	93	251	171	11	47	20
年份	2014	2015	2016	2017	2018	2019	2020	2021
灾害数量/处	22	90	165	4	3	76	28	8

温州市的地质灾害明显集中发生于 5 月以及 7—9 月(表 3-4,图 3-3),这主要是由温州市的气候条件所决定的,5 月是温州市的梅汛期,降雨历时长;7—9 月是温州市的台汛期,台风常常带来强降雨,引发大量地质灾害。从表 3-4 可知 5 月以及 7—9 月共发生地质灾害 1402 处,占温州市已发生地质灾害总数的 83.8%,灾害发育的时段分布正好与年内强降雨时间相对应。

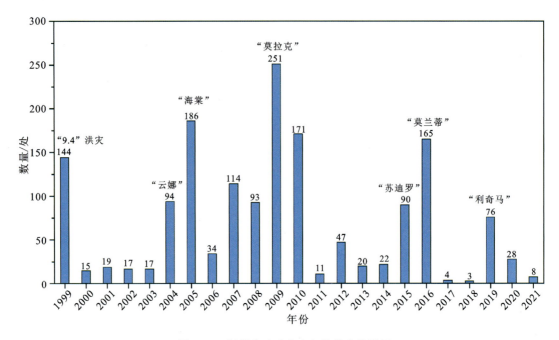

图 3-2 温州市地质灾害年份分布统计图

表 3-4 温州市发生地质灾害月份分布表

月份	1	2	3	4	5	6	7	8	9	10	11	12	合计
数量/处	28	9	63	14	180	60	264	491	467	57	27	25	1675
占比/%	1.7	0.5	3.8	0.8	10.8	3.0	15.8	29.3	27.9	3.4	1.6	1.5	100

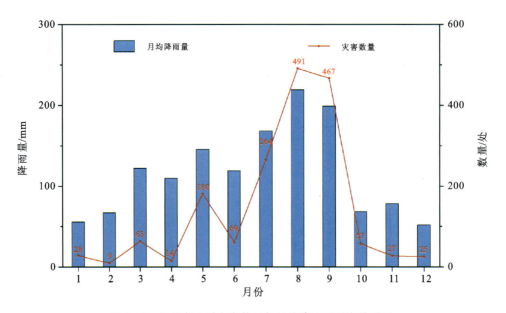

图 3-3 温州市地质灾害数量与月均降雨量对应关系图

2. 空间分布特征

根据调查统计结果,温州市地质灾害主要分布于永嘉、泰顺、乐清、文成、平阳、瑞安、苍南7个县(市),共计1444处,占全市地质灾害点总数的84%,市区主要分布于西部鹿城的藤桥和山福、瓯海的泽雅一带,各县(市、区)地质灾害数量及发育密度见表3-5和图3-4。

表3-5 温州市各县(市、区)地质灾害分布一览表

县(市、区)	滑坡/处	崩塌/处	泥石流/处	总数/处	占比/%	发育密度/(处·100km^{-2})
鹿城区	50	30	3	83	4.8	28.35
龙湾区	11	9	/	20	1.2	7.26
瓯海区	84	37	13	134	7.8	28.72
洞头区	16	18	1	35	2.0	21.91
乐清市	81	72	56	209	12.2	16.54
瑞安市	100	16	35	151	8.8	11.91
龙港市	1	/	2	3	0.2	2.02
永嘉县	181	47	97	325	18.9	12.14
平阳县	156	6	13	175	10.2	18.08
苍南县	104	28	19	151	8.8	14.69
文成县	134	12	33	179	10.4	13.80
泰顺县	149	50	55	254	14.8	14.37
合计	1067	325	327	1719	100	14.80

从地质灾害发育密度上看,全市平均发育密度为14.8处/100km^2。由于区内各县(市、区)孕灾条件不同,人类活动强度不同,各县(市、区)地质灾害发育密度差异较大。其中,瓯海区、鹿城区、洞头区发育密度较高,分别为28.72处/100km^2、28.35处/100km^2、21.91处/100km^2;龙港市、龙湾区发育密度较低,分别为2.02处/100km^2、7.26处/100km^2。可见,温州市区人口密集,建房筑路、城镇开发等人类工程活动较为频繁,加之局部陡峻地形、岩土体特征、降雨强度大等因素,造成地质灾害在区内发育密度相对较高,在平原区或人类工程活动影响较少的县(市、区)地质灾害发育密度较低。

(三)地质灾害发育特征

1. 滑坡地质灾害发育特征

温州市多为低山丘陵区,滑坡是区内最常见的地质灾害类型,已查明的滑坡地质灾害点共1067处,占地质灾害点总数的62.1%,不同地层滑坡皆有分布,主要分布在馆头组(K_1g)、朝川组(K_1cc)、西山头组(K_1x)和侵入岩中,占统计总数的78.96%。区内小型堆积

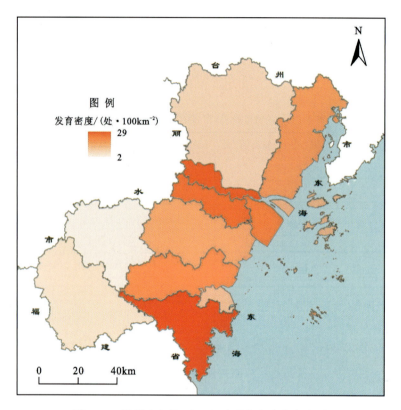

图 3-4 温州市各县(市、区)地质灾害发育密度图

层(土质)滑坡较多,由基岩风化壳、残坡积土等构成,滑坡规模一般在 100~1000m³ 之间。滑坡主要由降雨诱发,突发性强,特大暴雨激发时,发育历时短,多数滑坡发生无前兆,暴雨后成群出现。温州市社会经济较发达,交通、水利等基础工程建设和切坡建房等人类工程活动强烈,由此引发的滑坡灾害较多,且危害较大。由于切坡现象普遍,民房距离边坡坡脚较近,一旦发生滑坡,即使规模较小,也会造成财产损失甚至人员伤亡。

2. 崩塌地质灾害发育特征

温州市已查明的崩塌地质灾害点共 325 处,占地质灾害点总数的 18.9%。崩塌均为岩质崩塌,主要由自然和人为引发形成。自然形成的崩塌在地层岩性、地质构造、天气等自然因素综合影响下发生,以危岩体的形式存在,方量较大,一般在 500m³ 以上,致灾能力强;人为引发形成的崩塌主要因修建道路、建房切坡、开山采石等不合理开挖形成高陡岩质边坡,破坏形式以掉块、滑移式和坠落式为主,方量较小,一般小于 100m³,具有突发性。

3. 泥石流地质灾害发育特征

温州市共有 327 处泥石流地质灾害点,占地质灾害点总数的 19.0%,主要分布于北部乐清和永嘉、西南部文成和泰顺的山区。区内泥石流灾害大部分发生于 1999 年"9·4"洪灾、2004 年"云娜"、2005 年"泰利"、2015 年"苏迪罗"、2016 年"莫兰蒂"、2019 年"利奇马"等台风暴雨期间。暴雨、特大暴雨使得在山坡坡面易发生坡面型泥石流,在沟谷中发生沟谷型泥石流。坡面泥石流主要发生于短历时、强降雨的中心位置,在坡面上具有明显的条带状、树枝状的地貌标志,对环境的破坏十分明显;沟谷型泥石流主要由坡面泥石流转化而成,流域范围内发生浅表层滑坡,形成物源,在雨水的作用下,对坡面进行切割、冲蚀,携带沿途的松散岩土体汇入沟道内,并对沟道进行铲刮,进而形成沟谷型泥石流。泥石流往往淹没农田、道路,甚至影响到沟口的建筑物,造成较大的影响。

第三节 承灾体调查评价

一、承灾体调查评价要点

承灾体调查应收集人口分布、房屋建筑、基础交通、水利水电、电力等基础设施建设、风景名胜、土地资源现状等承灾体资料,估算承灾体的经济价值,并统计地质灾害影响范围内人口及各类财产的数量及分布情况,为地质灾害风险性评估提供数据基础,也为应急响应及精准救助提供决策依据。

1. 基本要求

(1)应采取以资料收集为主,遥感调查、补充地面调查与野外核查为辅的方法进行调查。

(2)应重点收集国情地理普查数据、不动产登记数据、农村住房信息数据、国民经济和社会发展统计公报、城市发展规划等资料。

(3)调查对象包括:①受地质灾害威胁的人员数量、建筑物经济价值、重要线性工程、公共设施等;②重要斜坡、地段或区域地质灾害及隐患点威胁的人员数量及分布,建筑物价值及结构类型。

(4)对于重要斜坡、地段或区域地质灾害及隐患点承灾体调查应做好调查记录,做到"一个承灾体一张表"。

(5)调查结果应与当地村委会、乡镇政府等进行核实,确保调查结果的准确性。

2. 人员调查

(1)人员调查应根据遥感影像图、地理国情普查数据、不动产登记数据、农村住房信息数据、国民经济和社会发展统计公报等,结合野外核查展开。

(2)应以独立的建筑物为单元,调查每一处建筑物内的人员情况。

(3)人员调查内容包括建筑物内的家庭常住人口和户籍人口情况,以及学校、工矿企业集市等人员聚集区的每一处建筑物内经常驻留的人员情况等。

3. 经济类承灾体调查

(1)应根据承灾体的空间分布特征,以每一个独立承灾体为单元进行调查。

(2)经济类承灾体调查对象包括受地质灾害威胁的建筑物、重要线性工程、公共设施等，经济类承灾体的分类见表3-6。

表3-6 经济类承灾体分类表

序号	经济类承灾体	
1	建筑物	住宅、宾馆、商厦、学校、医院、厂房等工业与民用建筑
2	线性工程	公路(高速、国道、省道、一般道路等)、铁路(高铁线路、一般线路等)、河堤等
3	公共设施	桥梁、大坝；供水排水系统、供电系统、通信系统、供气系统；水库等

(3)经济类承灾体主要调查承灾体本身的经济价值，即直接经济价值。对与该承灾体相关联或受该承灾体影响的其他对象(活动)的经济价值，即间接经济价值，不作调查。

(4)经济类承灾体的经济价值应为当前时期的经济价值。调查内容为：①建筑物调查内容包括建筑物坐落位置、结构类型、用途、建筑面积、楼层数、修建时间、使用情况、变形情况及重要经济价值等；②线性工程调查内容包括线性工程类型、级别、建造时间、单位造价、受威胁长度、工程变形情况等；③公共设施调查内容包括设施用途、建造时间、使用情况、受威胁经济价值、设施变形情况等；④收集当地经济价值的相关价格标准。

(5)经济类承灾体除调查其本身价值属性以外，还应调查该承灾体与其致灾体的空间位置关系，并结合承灾体本身的结构特征，评估承灾体可能受周边地质灾害的威胁情况。

(6)经济类承灾体的易损性应根据承灾体本身的结构特征及其与地质灾害的空间位置关系等因素确定。

二、承灾体调查结果

1. 历史承灾体损失情况

自20世纪90年代至2022年，温州市已发生的地质灾害共造成人员伤亡208人，直接经济损失累计超过1.78亿元(按灾害发生时的物价水平统计)。其中，死亡人数3人及以上的共有13处(表3-7)。

造成温州市人员伤亡较大的地质灾害类型为泥石流，虽然泥石流发育的数量比滑坡少，发生频率属低频或极低频，但灾情等级显著。由于区内整体斜坡高差较大，冲沟、负地形较为发育，在强降雨等不利条件下，容易发生泥石流地质灾害，灾害一旦发生后，冲击力大，对下方建筑物破坏性较强。当地居民对泥石流灾害的防范意识淡薄，在沟口建房、耕种，挤占河道等现象普遍，且房屋分布较为密集，未做好冲沟的排导和防护措施，平时隐蔽性较强的泥石流往往能突如其来地造成更大的灾难性后果。

表 3-7 温州市因地质灾害导致的重大人员伤亡和经济损失一览表

序号	地点	灾害类型	灾害规模/m³	发生时间	死亡人数/人	受伤人数/人	直接经济损失/万元
1	平阳县鳌江镇荆溪山	滑坡	450 000	1990年10月1日	6	113	1100
2	永嘉县三江街道箬岙底村东北	泥石流	20 000	1999年9月4日	15	14	500
3	永嘉县沙头镇董岙底村	泥石流	45 000	1999年9月4日	3	0	24
4	乐清市龙西乡上山村	泥石流	18 000	2004年8月13日	18	0	100
5	乐清市仙溪镇石碧岩村	泥石流	16 000	2004年8月13日	7	0	20
6	乐清市福溪乡凤溪村	泥石流	5000	2004年8月13日	4	0	25
7	乐清市仙溪镇白岩山村下屋	泥石流	14 000	2004年8月13日	8	0	20
8	乐清市仙溪镇西庄村竹峰公路	滑坡	2000	2004年8月12日	5	0	10
9	文成县石垟乡枫龙村	泥石流	3000	2005年9月1日	11	9	120
10	文成县石垟乡石门村	泥石流	2000	2005年9月1日	5	2	50
11	苍南县桥墩镇坑口电站	滑坡	8600	2007年8月19日	3	0	200
12	平阳县顺溪镇顺吴社区石柱村	泥石流	20 000	2015年8月8日	3	0	76
13	文成县双桂乡宝丰村三条碓	泥石流	3000	2016年9月28日	6	0	300
合计					94	138	2545

2. 承灾体分布现状

截至2022年,温州市现存地质灾害隐患点67处,主要分布于乐清、永嘉、泰顺等地区,威胁常住人口2728人,威胁财产约20 387.5万元,具体见表3-8。

表 3-8 温州市地质灾害隐患点威胁分布一览表

序号	县(市、区)	隐患点数/处	威胁户籍人数/人	威胁常住人数/人	威胁财产/万元
1	鹿城	1	17	17	30
2	瓯海	7	134	51	1390
3	乐清	22	520	327	4445
4	瑞安	1	298	111	1800
5	永嘉	11	434	408	8153
6	苍南	5	77	48	218.5
7	文成	1	69	24	165
8	泰顺	19	1893	1742	4186
合计		67	3442	2728	20 387.5

温州市现存67处各类地质灾害隐患点中，滑坡有47处，潜在规模733 530m³，威胁人数1462人，威胁财产16 030.5万元；崩塌有6处，潜在规模7050m³，威胁人数380人，威胁财产2335万元；泥石流有14处，潜在规模183 500m³，威胁人数1600人，威胁财产2022万元，详见表3-9。

表3-9 温州市地质灾害隐患状况统计表

灾害类型	数量/处	潜在规模/m³	威胁人数/人	威胁财产/万元
滑坡	47	733 530	1462	16 030.5
崩塌	6	7050	380	2335
泥石流	14	183 500	1600	2022

第四节 1∶50 000地质灾害风险评价

风险评价一般可分为易发性评价、危险性评价和风险评价3个层次。在易发性的基础上计算得到危险性，通过分析危险性和可能造成承灾体的破坏（危害性）得出最终的风险评价结果。易发性评价主要强调地质环境条件和灾害分布的空间统计分析，危险性评价是在易发性评价的基础上对某一地区特定时间内现有或潜在滑坡的扩展和影响范围、发生时间概率和强度进行评价，风险评价即在以上评价的基础上评价滑坡对人口、经济等产生的危害及产生危害的严重程度。

一、地质灾害易发性评价

地质灾害易发程度是指在一定的地质环境和人类工程活动影响条件下，地质灾害发生的难易程度。温州市地质灾害易发性评价是在全面收集、整理温州市地质环境条件、地质灾害调查评价、监测研究成果等资料的基础上，采用栅格或斜坡单元作为评价单元，利用信息量法或综合指数法进行评价，技术路线见图3-5。

（一）地质灾害易发性评价体系

1. 评价方法

地质灾害的形成受多种因素影响，信息量模型反映了一定地质环境下最易致灾因素及其细分区间的组合，具体通过特定评价单元内某种因素作用下地质灾害发生频率与区域地质灾害发生频率相比较实现的。对应某种因素特定状态下的滑坡、崩塌突发性地质灾害地质信息量按信息量模型方法计算，公式如下：

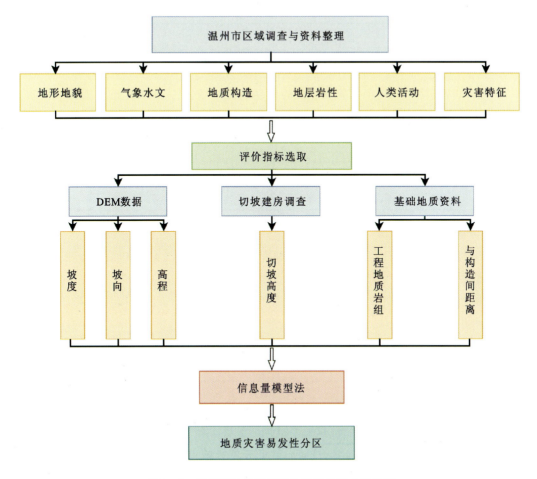

图 3-5 温州市地质灾害易发性评价技术路线图

$$I_{Aj \to B} = \ln \frac{N_j/N}{S_j/S} \quad (j=1,2,3,\cdots,n) \tag{3-1}$$

式中：$I_{Aj \to B}$——对应因素 A 在 j 状态（或区间）下地质灾害 B 发生的信息量；

N_j——对应因素 A 在 j 状态（或区间）下地质灾害分布的单元数；

N——调查区已知有地质灾害分布的单元总数；

S_j——因素 A 在 j 状态（或区间）分布的单元数；

S——调查区单元总数。

当 $I_{Aj \to B} > 0$ 时，反映了对应因素 A 在 j 状态（或区间）下地质灾害发生倾向的信息量较大，地质灾害发生可能性较大，或者说利于地质灾害发生；当 $I_{Aj \to B} < 0$ 时，表明因素 A 在 j 状态（或区间）条件下，不利于地质灾害发生；当 $I_{Aj \to B} = 0$ 时，表明因素 A 在 j 状态（或区间）不提供有关地质灾害发生与否的任何信息，即因素 A 在 j 状态（或区间）可以剔除掉，排除其作为地质灾害预测因子。

由于每个评价单元受众多因素的综合影响,各因素又存在若干状态,各状态因素组合条件下地质灾害发生的总信息量按式(3-2)计算：

$$I = \sum_{i=1}^{n} \ln \frac{N_i/N}{S_i/S} \tag{3-2}$$

式中：I——对应特定单元地质灾害发生的总信息量,指示地质灾害发生的可能性,可作为地质灾害易发性指数；

N_i——对应特定因素第 i 状态(或区间)条件下的地质灾害面积或地质灾害数量；

S_i——对应特定因素第 i 状态(或区间)的分布面积；

N——调查区地质灾害总面积或总地质灾害数量；

S——调查区总面积。

2. 评价指标选取

参照《浙江省乡镇(街道)地质灾害风险调查评价技术要求(1∶2000)试行》,根据温州市地质灾害的发育分布特征、孕灾地质条件以及温州市各县(市、区)地质灾害风险普查成果,基于工程地质类比原则,通过相关性分析选取了影响最大的 6 个因子作为地质灾害易发性分区的评价指标(表 3-10)。

表 3-10 地质灾害易发性评价因素选取和分级表

序号	评价因素	状态分级	获取方式
1	坡度/(°)	<15	通过 DEM 生成的坡度图
		15～25	
		25～35	
		35～45	
		≥45	
2	坡向/(°)	平原区	通过 DEM 生成的坡向图
		北(337.5～22.5)	
		北东(22.5～67.5)	
		东(67.5～112.5)	
		南东(112.5～157.5)	
		南(157.5～202.5)	
		南西(202.5～247.5)	
		西(247.5～292.5)	
		北西(292.5～337.5)	

续表 3-10

序号	评价因素	状态分级	获取方式
3	高程/m	<10m 10～500 500～1000 ≥1000	通过DEM生成的高程图
4	工程地质岩组	Rr、Nt、St、Lt Qd、Hi、Bg、Qj、Rb SRc、Sf、Sc Ht、Hs、SRf Q_g	通过基础地质资料收集
5	与构造间距离/m	<50 50～100 100～300 300～500 ≥500	通过基础地质资料和遥感解译
6	切坡高度/m	<3 3～6 6～12 12～25 ≥25	前期切坡建房调查成果

3. 评价等级划分

利用信息量法对温州市地质灾害易发性进行评价,并结合易发区等级划分(表3-11),将温州市划分为地质灾害高易发区、中易发区、低易发区、非易发区。

表 3-11 突发性地质灾害易发区等级划分

易发程度分区	高易发区	中易发区	低易发区	不易发区
易发性综合指数(Y_i)	$4.0<Y_i\leqslant5.0$	$3.0<Y_i\leqslant4.0$	$1.5<Y_i\leqslant3.0$	$Y_i\leqslant1.5$

(二)评价结果

1. 易发性分区界线勾绘

(1)初步勾绘。地质灾害易发程度分区的界线根据计算的结果,结合地形地貌特征、工程地质岩组条件、人类工程活动、覆盖层厚度等因素在室内进行初步勾划。对初步生成的易发区中小图斑和图块进行取舍、合并,对一些地质环境相同、图面上较断续的易发区图块进行合并和修饰。低易发区界线与不易发区界线的划定在山前斜地与平原区交界的区域,以山脚向平原区外推20～30m为界。

(2)现场核查。易发区界线现场核查主要是对易发区界线,易发区与不易发区界线接触部位有村庄、公路等附近的地形地貌变化进行核查。当地质环境条件较好(主要参考指标为松散层厚度)时,易发区与不易发区改为以坡脚为界。当地质环境较复杂、人类工程活动强烈,评价为地质灾害不易发区或低易发区的,一般调整为高级别的地质灾害易发区;而对于地势平缓、人类工程活动程度不强烈的沟谷平地,评价为地质灾害易发区的,则调整为低级别的地质灾害易发区;当人类工程活动在一个区域内形成较多人工边坡的,易发程度调高一级;因修路、建房、采矿等原因形成较多弃渣堆积的区域,易发程度调高一级。

(3)界线勾绘。为了尽可能地符合地质环境条件和人为活动因素等现实情况,精准确定高、中易发区涉及的乡镇,就需要与较大比例尺的各县(市、区)地质灾害易发区对接。对比各县(市、区)的高、中易发区,增加未划定为高、中易发区的范围,其中,对比多出的高(中)易发区面积较小而又与其他中易发区不能衔接的忽略不计;对比各县(市、区)的高、中易发区的范围,适当调整相应区块的边界,为了更加精确,同一区域重合的同级别易发区边界总体以各县(市、区)划定范围为准。

2. 分区结果

通过易发性评价将温州市划分为高易发区、中易发区、低易发区和不易发区4个等级(图3-6),其中高易发区15个,中易发区47个,低易发区4个,不易发区1个。各易发区名称及分布面积见表3-12。

1)地质灾害高易发区

温州市划定15个地质灾害高易发区,主要分布于永嘉县、乐清市、瓯海区、瑞安市、文成县、苍南县,高易发区总面积约334.708km^2,约占全市陆域面积的3.12%。

2)地质灾害中易发区

温州市划定47个地质灾害中易发区,主要分布于除去洞头区和龙港市外其他各县(市、区),总面积约1 903.033km^2,约占全市陆域面积的17.76%。

3)地质灾害低易发区

温州市划定4个地质灾害低易发区,在各县(市、区)均有大面积分布,总面积约7 107.283km^2,约占全市陆域面积的66.31%。

4)地质灾害不易发区

温州市地质灾害不易发区主要分布于山体与平原区过渡区,区内孕灾地质条件简单,总面积约1 373.028km^2,约占全市陆域面积的12.81%。

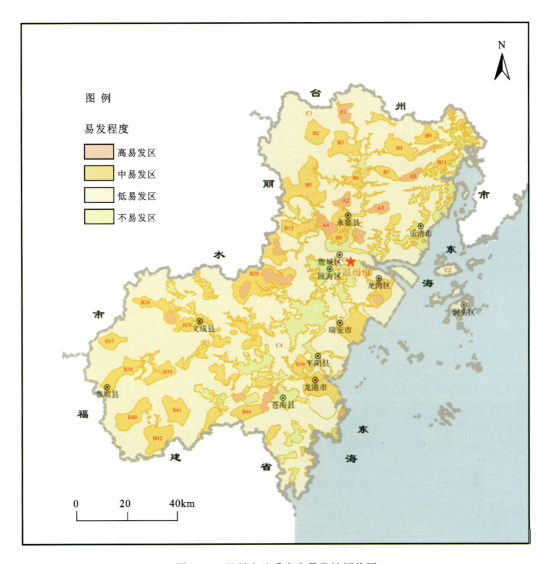

图 3-6 温州市地质灾害易发性评价图

表 3-12 温州市地质灾害易发性分区简表

易发区级别及编号		易发区名称	分布面积/km²
高易发区	A1	永嘉县岩坦镇岩门下-龙园村高易发区	31.500
	A2	永嘉县北城街道朱岙-江山村高易发区	22.434
	A3	永嘉县东城街道长源村-全安村高易发区	25.660
	A4	永嘉县桥下镇京岸-浦石村高易发区	39.560
	A5	永嘉县三江街道芦田-陈家坑村高易发区	20.472
	A6	乐清市智仁乡赵家辽-寺前村高易发区	9.702
	A7	乐清市龙西乡叶山-屿头村高易发区	12.609

续表 3-12

易发区级别及编号		易发区名称	分布面积/km²
高易发区	A8	乐清市岭底乡泽基村-黄坦村高易发区	24.730
	A9	瓯海区泽雅镇屿山村-林岙村高易发区	16.922
	A10	瑞安市芳庄乡-林川镇高易发区	44.543
	A11	瑞安市高楼镇-湖岭镇高易发区	20.035
	A12	文成县黄坦镇双坑村高易发区	11.641
	A13	苍南县桥墩镇兴庆村高易发区	11.619
	A14	苍南县灵溪镇大路村-垟岙村高易发区	31.718
	A15	苍南县炎亭镇海口-振兴村高易发区	11.563
		小计	334.708
中易发区	B1	永嘉县岩坦镇毛竹村中易发区	17.957
	B2	永嘉县碧莲-岩坦镇中易发区	57.761
	B3	永嘉县岩坦镇-岩头镇中易发区	75.181
	B4	永嘉县鹤盛镇西一村-箬袅村中易发区	71.929
	B5	永嘉县桥头镇-碧莲镇中易发区	160.533
	B6	永嘉县岩头镇-沙头镇中易发区	28.431
	B7	永嘉县枫林镇-沙头镇中易发区	29.835
	B8	永嘉县北城街道-瓯北街道中易发区	70.635
	B9	乐清市仙溪镇蔡家岭村中易发区	41.629
	B10	乐清市大荆镇庆丰村中易发区	8.940
	B11	乐清市大荆镇溪坦村中易发区	11.983
	B12	乐清市湖雾镇大屋村中易发区	9.873
	B13	乐清市芙蓉镇-雁荡镇中易发区	41.574
	B14	乐清市白石街道-乐成街道中易发区	19.925
	B15	鹿城区山福-藤桥镇中易发区	57.236
	B16	瓯海区泽雅镇中易发区	53.309
	B17	瓯海区潘桥街道中易发区	9.216
	B18	龙湾区状元-瑶溪街道中易发区	2.911
	B19	龙湾区海城街道中易发区	1.353
	B20	瑞安市高楼镇-林川镇中易发区	160.014
	B21	瑞安市桐浦镇沙岙村-云垟村中易发区	9.301
	B22	瑞安市塘下镇凤凰山中易发区	1.670
	B23	瑞安市高楼镇地赖村中易发区	7.876
	B24	瑞安市高楼镇-平阳坑镇中易发区	33.879

续表 3-12

易发区级别及编号		易发区名称	分布面积/km²
中易发区	B25	文成县玉壶镇洪地村-中村中易发区	33.983
	B26	文成县铜铃山镇-黄坦镇中易发区	56.566
	B27	文成县大峃镇北部中易发区	18.076
	B28	文成县大峃镇茶寮-凤垟村中易发区	34.738
	B29	文成县双桂乡-和平乡中易发区	31.086
	B30	文成县珊溪镇-巨屿镇中易发区	17.894
	B31	文成县珊溪镇送坑村-西黄村中易发区	14.225
	B32	平阳县腾蛟镇中易发区	23.812
	B33	平阳县顺溪镇-南雁镇中易发区	37.238
	B34	平阳县闹村乡光辉村中易发区	4.934
	B35	平阳县水头镇双峰村中易发区	18.908
	B36	平阳县鳌江镇中易发区	38.340
	B37	泰顺县竹里畲族乡-司前畲族镇中易发区	42.344
	B38	泰顺县罗阳-百丈镇中易发区	80.949
	B39	泰顺县筱村镇-南浦溪镇中易发区	51.067
	B40	泰顺县罗阳-西旸镇中易发区	82.894
	B41	泰顺县凤垟乡-泗溪镇中易发区	77.428
	B42	泰顺县仕阳镇-东溪乡中易发区	85.004
	B43	泰顺县彭溪镇中易发区	45.348
	B44	苍南县桥墩镇中易发区	51.104
	B45	苍南县灵溪-南宋镇中易发区	21.565
	B46	苍南县赤溪镇-马站镇沿海丘陵中易发区	32.704
	B47	苍南县大渔镇-金乡镇中易发区	19.874
	小计		1 903.033
低易发区	C1	温州市北部山区低易发区	2 422.634
	C2	温州市洞头区及沿海岛屿低易发区	137.807
	C3	温州市中部山区低易发区	716.856
	C4	温州市南部山区低易发区	3 829.987
	小计		7 107.283
不易发区	D	平原及山坡脚缓冲地带不易发区	1 373.028
	小计		1 373.028

二、地质灾害危险性评价

(一)地质灾害危险性评价体系

地质灾害危险性是指在某种诱发因素作用下,某一地区某一时间段发生特定规模和类型地质灾害的概率。浙东南地质灾害危险性评价在地质灾害易发性评价成果的基础上,叠加降雨因素的影响,以定性评价为主、定量评价为辅的方式开展评价,技术路线见图3-7。

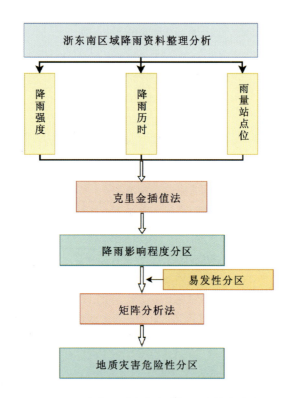

图3-7 浙东南地质灾害危险性评价技术路线图

1.评价方法

经统计,温州市地质灾害发生数量最多的月份与月降雨峰值相对应,集中在5—9月,其中8月、9月是灾害发生数量最多的月份。因此,本次工作选择5—9月的月平均降雨量进行危险性评价。根据温州市内雨量站近5年5—9月平均降雨量,结合各雨量站点位,通过克里金插值法生成温州市降雨量等值线图(图3-8),并将月平均降雨强度等级分别划分为强、中、弱3个级别。最后,将降雨强度作为危险性评价因子,与历史地质灾害点数据进行相关性分析,确定危险性分级。

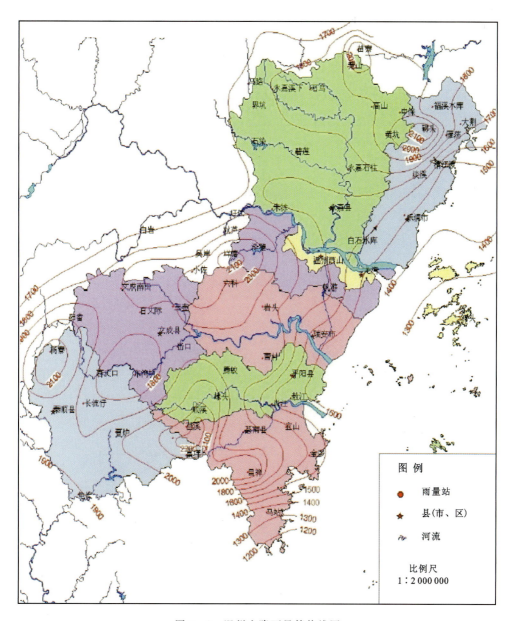

图3-8 温州市降雨量等值线图

2. 降雨影响等级确定

结合雨量站的监测范围和山势的影响,将降雨量相同区域划分为同一个区,再通过分析每个区内地质灾害点与降雨量的关系,划分每个区降雨量的影响程度,最终确定经过修正后的降雨影响等级图。将5—9月平均降雨强度等级按表3-13分别划分为强、中、弱3个级别。

表 3－13　月平均降雨强度等级表

评价因子	状态	降雨强度级别
5—9月平均降雨量/mm	＞190	强
	150～190	中
	＜150	弱

3. 评价等级划分

在地质灾害易发程度分区图的基础上，叠加降雨因素，利用矩阵分析方法，结合历史地质灾害发育规律进行调整，根据表 3－14 将温州市划分为极高危险区、高危险区、中危险区、低危险区 4 个等级。

表 3－14　危险性等级划分建议表

易发性等级	降雨等级		
	强	中	弱
高	极高危险区	高危险区	中危险区
中	高危险区	中危险区	中危险区
低	中危险区	中危险区	低危险区
不	低危险区	低危险区	低危险区

（二）评价结果

温州市地质灾害危险性共划分为极高危险区、高危险区、中危险区及低危险区 4 个级别。分区结果见图 3－9，各危险分区特征见表 3－15。

1. 地质灾害极高危险区

温州市共划定地质灾害极高危险区 16 个，主要分布于乐清、永嘉、瓯海、瑞安、文成、泰顺和苍南，总面积约 442.02km^2，约占全市陆域面积的 3.8%。

2. 地质灾害高危险区

温州市共划定地质灾害高危险区 13 个，除鹿城、龙湾、洞头和龙港外，在各县（市、区）均有分布，总面积约 1 507.07km^2，约占全市陆域面积的 13.0%。

3. 地质灾害中危险区

温州市共划定地质灾害中危险区 8 个，除洞头和龙港外，在各县（市、区）均有分布，总面积约 5 411.12km^2，约占全市陆域面积的 46.6%。

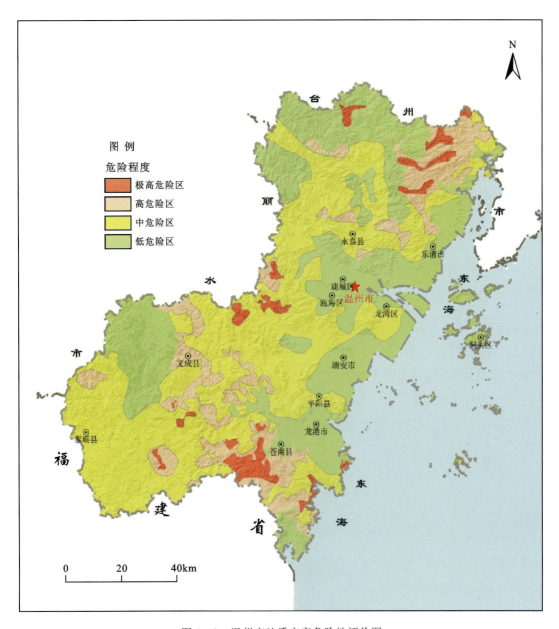

图 3-9 温州市地质灾害危险性评价图

4. 地质灾害低危险区

温州市共划定地质灾害低危险区 9 个,在各县(市、区)均有分布,总面积约 4 739.79km²,约占全市陆域面积的 36.6%。

表 3-15　温州市地质灾害危险性分区特征简表

风险区级别及编号		分布面积/km²	占全市陆域面积比例/%	分区个数/个	风险防范区		
					数量	影响人数/人	影响财产/万元
极高危险区	A	442.02	3.8	16	229	6662	41 762
高危险区	B	1 507.07	13.0	13	361	9676	57 077
中危险区	C	5 411.12	46.6	8	431	9729	97 131
低危险区	D	4 252.3	36.6	9	363	9190	79 544
合计		11 612.51	100	46	1384	35 257	275 514

三、地质灾害风险评价

风险评价在易发性、危险性和易损性评价的基础上进行，由三者的结果综合分析而得，其目的是通过量化影响和控制地质灾害的因素指标，进而反映出评价区域地质灾害的总体风险水平，然后进行地质灾害风险区的划分，并根据风险水平的高低，制定不同的降低风险的方法策略，为地质灾害的防治决策和防治方案选择提供准确合理的依据。技术路线见图3-10。

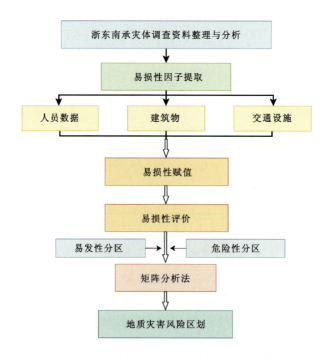

图 3-10　浙东南地质灾害风险评价技术路线图

(一)评价方法

浙东南地质灾害风险评价主要是通过对评价单元的易损性评价因子确定权重并赋值,通过加权分析获得易损性结果,再结合易发性、危险性评价结果,采用矩阵分析的方法完成区域风险度计算与量化分析,最后根据风险度的高低完成浙东南地质灾害风险区划。

(二)易损性评价

1. 易损性评价方法

1)人员易损性

通过评价单元内人口数计算获得人员易损性(评价单元内人口数＝行政村人口数÷行政村建筑占地面积×评价单元内建筑占地面积)。调查区承灾体易损性分级以及赋值标准具体见表3-16。

表3-16 调查区承灾体易损性分级及赋值标准表

承灾体类型	分级	赋值
人员/人	≥1000	0.8~1.0
	100~1000	0.5~0.8
	10~100	0.3~0.5
	<10	0~0.3
建筑物	建筑面积占比>40%	0.8~1.0
	40%≥建筑面积占比>20%	0.5~0.8
	20%≥建筑面积占比>2%	0.3~0.5
	建筑占地面积占比≤2%	0~0.3
交通设施	高速公路	0.8~0.9
	国家级公路	0.5~0.8
	省级公路	0.3~0.5
	城市道路	0.2~0.3
	一般公路	0.1~0.3
	高速铁路	0.8~1.0
	一般铁路	0.3~0.6

注:山地丘陵区宜取赋值区间范围的高值,平原区宜取低值,在景区等区域评价中应考虑人口流动性变化情况。

2)建筑物易损性

建筑物为人口分布的基础载体,同时又具有自身的经济价值,根据评价单元内建筑面积所占百分比进行赋值，获得建筑物易损性。

3）交通设施易损性

交通设施应按不同设施类型和等级进行易损性分级。

4）综合易损性评价

将不同类型承灾体易损性进行叠加，最终获得综合易损性评价图。

2. 易损性赋值计算方法

易损性赋值按式（3-3）计算：

$$W_{易} = \sum_{i=1}^{4} E_i \cdot P_i \tag{3-3}$$

式中：$W_{易}$——评价单元的易损性赋值；

P_i——第 i 项因子权重；

E_i——第 i 项因子得分。

根据对人员、建筑物、交通设施及其他生活设施等产生的危害及产生危害的严重程度，参考相关要求拟定的评价因子权重赋值标准见表3-17。

表3-17 承灾体易损性评价因子权重赋值标准表

序号	承灾体类型	权重
1	人员	0.5
2	建筑物	0.3
3	交通设施	0.2

（三）易损性评价结果

将各评价单元的各项因子用上述标准进行评分，加权之后获得各评价单元的易损性赋值。按照承灾体易损性等级划分表（表3-18），利用 ArcGIS 的空间分析功能，计算得出易损性分区图。

表3-18 承灾体易损性等级划分表

综合易损性等级	累计赋值
极高	0.8～1.0
高	0.5～0.8
中	0.3～0.5
低	0～0.3

(四)风险区划结果

采用定性与定量相结合的方法开展地质灾害风险评价,在易发性、危险性、易损性评价的基础上,采用矩阵分析方法,将地质灾害风险划分为极高、高、中、低4个等级(表3-19)。

表3-19 地质灾害风险等级划分建议表

易损性	危险性			
	极高	高	中	低
极高	极高	极高	高	中
高	极高	高	中	中
中	高	高	中	低
低	高	中	低	低

结果对照"不可接受风险""可容忍风险""可接受风险""可忽略风险"4个等级,综合判定地质灾害风险区划的级别。温州市地质灾害风险评价分区结果见图3-11,各分区特征见表3-20。

1.地质灾害极高风险区(A)

地质灾害极高风险区(A)是指地质灾害风险程度极高的区域。全市共划定地质灾害极高风险区6个,面积77.32km²,占全市陆域面积的0.7%,主要分布在乐清市仙溪镇、龙西乡,永嘉县金溪镇,瓯海区泽雅镇,苍南县矾山镇等。

2.地质灾害高风险区(B)

地质灾害高风险区(B)是指地质灾害风险程度高的区域。全市共划定地质灾害高风险区27个,面积共1 075.96km²,占全市陆域面积的9.3%,主要分布在永嘉县岩坦镇、碧莲镇、金溪镇、桥下镇,乐清市智仁乡、大荆镇、岭底乡、芙蓉镇,鹿城区山福镇、藤桥镇,瓯海区泽雅镇,龙湾区状元街道,瑞安市芳庄乡、林川镇、湖岭镇、高楼镇,文成县大峃镇、黄坦镇、珊溪镇、巨屿镇,平阳县顺溪镇、腾蛟镇,龙港市,泰顺县罗阳镇,苍南县桥墩镇、灵溪镇、赤溪镇等。

3.地质灾害中风险区(C)

地质灾害中风险区(C)是指地质灾害风险程度中等的区域。全市共划定地质灾害中风险区32个,面积共2 011.02km²,占全市陆域面积的17.3%,主要分布在永嘉县东城街道、北城街道,乐清市北西部,瓯海区东部山区,大罗山西部山区,永强平原,洞头区,龙港市,苍南县中西部等。

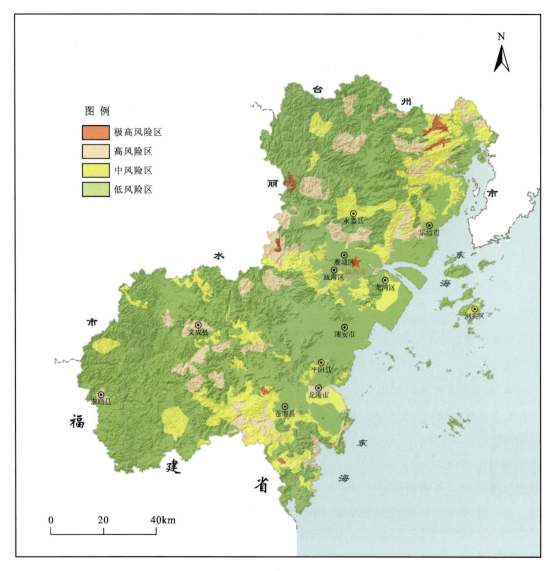

图 3-11 温州市地质灾害风险评价分区图

4. 地质灾害低风险区(D)

地质灾害低风险区(D)是指地质灾害风险程度较低的区域。全市共划定地质灾害低风险区 1 个,面积共 8 448.21 km²,占全市陆域面积的 72.7%,该区在全市范围内广泛分布。

表 3-20 温州市地质灾害风险评价分区简表

风险区级别	编号	分布面积/km²	占全市面积比例/%	分区个数/个	风险防范区 数量/个	风险防范区 影响人数/人	风险防范区 影响财产/万元
极高风险区	A	77.32	0.7	6	72	2460	14 043
高风险区	B	1 075.96	9.3	27	433	11 093	90 431
中风险区	C	2 011.02	17.3	32	389	10 768	88 910
低风险区	D	8 448.21	72.7	1	490	11 770	82 130
合计		11 612.51	100	66	1384	36 091	275 514

第五节 1∶2000 乡镇地质灾害风险调查评价实例

一、仙溪镇地质灾害易发性评价

(一)崩塌、滑坡灾害易发性评价

1. 评价单元划分

滑坡、崩塌灾害易发性评价以斜坡单元为基础划分,在后期野外调查及室内资料整理过程中对斜坡单元进行了优化调整,主要对原斜坡单元中评价因子特征差异明显的斜坡作了进一步分割细化,保证每个单元具有相似的地质环境条件、成灾机制和致灾模式,最终确定评价单元1323个,见图 3-12。

2. 评价指标体系

参照相关规程及技术要求,综合仙溪镇地质环境背景以及人类工程活动,选取坡度、坡向、高差、坡形、覆盖层厚度、岩性与岩土结构、斜坡结构、与构造间距、切坡高度9个因子作为易发性评价指标(表 3-21)。各指标具体处理方式如下:

(1)坡度。利用 ArcGIS 从地表数字高程模型(DEM)数据中提取坡度信息,采用剔除坡脚平原区后的斜坡单元生成坡度图,并提取坡度信息,经统计分析选择权重占比大的坡度区间值对斜坡单元进行赋值,赋值后随机选择部分单元进行复核,经复核无误后予以确定。

(2)坡向。利用 ArcGIS 从 DEM 数据中提取坡向信息,赋值后随机选择部分单元进行复核,经复核无误后予以确定。

(3)高差。利用 ArcGIS 从 DEM 数据中提取坡高信息,按指标分类区间进行赋值。

（4）坡形。因利用 ArcGIS 从 DEM 数据中提取的坡形结果与实际差异较大，坡形需根据野外调查结果并结合实际地形图进行赋值。

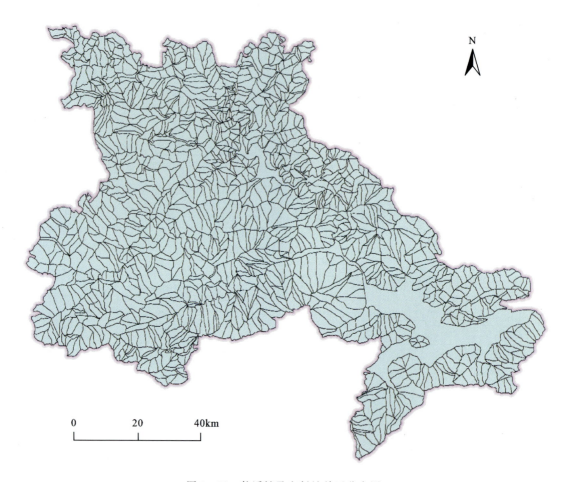

图 3-12　仙溪镇孕灾斜坡单元分布图

表 3-21　以斜坡为单元的滑坡、崩塌灾害易发程度评价指标体系及量化分值表

序号	评价指标				数据制备	
	指标	权重	指标分类	赋值	数据源	获取方法
1	坡度/(°)	0.15	<15	1	DEM	根据 0.2m 精度 DEM 生成坡度，获取斜坡单元数值
			15~25	4		
			25~35	5		
			35~45	4		
			≥45	2		

续表 3-21

序号	评价指标				数据制备	
	指标	权重	指标分类	赋值	数据源	获取方法
2	坡向/(°)	0.05	北(337.5~22.5)	1	DEM	根据0.2m精度DEM生成坡向,获取斜坡单元数值
			北东(22.5~67.5)	2		
			东(67.5~112.5)	3		
			南东(112.5~157.5)	4		
			南(157.5~202.5)	5		
			南西(202.5~247.5)	3		
			西(247.5~292.5)	2		
			北西(292.5~337.5)	1		
3	高差/m	0.1	<20	1	DEM	根据0.2m精度DEM获取斜坡单元数值
			20~50	2		
			50~100	3		
			100~300	4		
			≥300	5		
4	坡形(按平面曲率和剖面曲率划分)	0.05	凸形	5	DEM	根据0.2m精度DEM生成坡面曲度,获取斜坡单元数值
			凹形	3		
			直坡、折线形	1		
5	覆盖层厚度/m	0.15	<1	1	工程勘查及野外调查	根据工程勘查及野外调查成果,圈定调查区域覆盖层厚度等值线图
			1~3	4		
			3~6	5		
			6~12	4		
			12~25	3		
			≥25	2		
6	岩性与岩土结构	0.1	岩石坚硬,结构完整	1	野外调查及工程勘查	根据野外调查及工程勘查成果
			岩石较坚硬,结构较完整	2		
			岩体较破碎,镶嵌结构	3		
			岩石破碎,有不连续软弱结构面	4		
			岩体特别破碎,有连续软弱结构面	5		

续表 3-21

序号	评价指标			数据制备	
	指标	权重	指标分类	赋值	数据源	获取方法
7	斜坡结构	0.1	顺斜坡 飘倾坡	5	工程勘查及野外调查	根据工程勘查及野外调查成果
			顺斜坡 层面坡	4		
			顺斜坡 伏倾坡	3		
			斜向坡	3		
			横向坡	2		
			逆斜坡	1		
			近水平层状坡	2		
			块状结构斜坡	1		
8	与构造间距/m	0.05	<50	5	地质构造分布图、遥感解译、野外调查	收集区域以往不同比例尺区域地质构造图，结合遥感解译、野外调查确定
			50～100	4		
			200～300	3		
			300～500	2		
			≥500	1		
9	切坡高度/m	0.25	<3	1	现场野外调查	根据野外调查数据获取调查单元人工切坡高度值，已支护边坡根据防护程度打折赋值，已支护且稳定的边坡可取1分
			3～6	2		
			6～12	3		
			12～25	4		
			≥25	5		

注：引自《浙江省乡镇（街道）地质灾害风险调查评价技术要求（1∶2000）试行》附录 I.1。

（5）覆盖层厚度。根据野外调查结果进行赋值，按最不利条件考虑，一般取其中最大值。

（6）岩性与岩土结构。根据野外调查结果进行赋值，按最不利条件考虑，一般取最差的岩土结构类别进行赋值。

（7）斜坡结构。根据野外调查结果进行赋值。

（8）与构造间距。将 1∶5 万区域地质构造图投影至斜坡单元图中，利用 ArcGIS 自动计算并进行赋值。

（9）切坡高度。利用野外调查结果进行赋值，按最不利条件考虑，一般取其中最大值。

3. 评价模型

影响地质灾害形成的因素多种多样，如发育特征、分布规律、地质环境条件以及人类工程活动等，采用综合指数法时，可根据影响因素对地质灾害易发性的贡献采用权重衡量，通过将各评价因子按权重叠加后得到地质灾害易发性综合指数，能较好地反映多种因素影响下地质灾害的发生概率。综合指数法评价模型如下：

$$Y_i = \sum_{j=1}^{n} F_j \times S_j \qquad (3-4)$$

式中：Y_i——第 i 个斜坡单元易发性综合指数；

F_j——第 i 个斜坡单元第 j 类指标权重；

S_j——第 i 个斜坡单元第 j 类指标赋值；

n——项数，取值 1~9。

4. 分级标准

根据前述评价方法，计算得到每个评价单元的易发性综合指数值，参照《浙江省乡镇（街道）地质灾害风险调查评价技术要求（1∶2000）试行》和《浙江省自然资源厅关于高质量推进地质灾害风险调查评价工作的通知》（浙自然资厅函〔2021〕527号），对照表 3-11 中的分级标准，对各评价单元地质灾害易发程度等级进行划分。

（二）泥石流易发性评价

1. 评价单元划分

对于以往发生过沟谷型泥石流地质灾害或经调查存在沟谷型泥石流隐患的区域进行归并，按照《浙江省乡镇（街道）地质灾害风险调查评价技术要求（1∶2000）试行》中泥石流评价方法划定评价单元。

2. 评价指标体系

对沟谷型泥石流进行易发性评价，评价指标及量级划分标准按表 3-22 执行。

表 3-22 泥石流易发程度评分参考表

序号	评价指标	量级划分							
		极易发(A)	得分/分	易发(B)	得分/分	轻度易发(C)	得分/分	不易发(D)	得分/分
1	崩塌、滑坡及水土流失（自然和人为的）的严重程度	崩塌、滑坡等重力侵蚀严重，多深层滑坡和大型崩塌，表土疏松，冲沟十分发育	21	崩塌、滑坡发育，多浅层滑坡和中小型崩塌，有零星植被覆盖，冲沟发育	16	有零星崩塌、滑坡和冲沟存在	12	无崩塌、滑坡、冲沟或发育轻微	1
2	泥砂沿程补给长度比/%	>60	16	60~30	12	30~10	8	<10	1

续表 3-22

序号	评价指标	量级划分							
		极易发(A)	得分/分	易发(B)	得分/分	轻度易发(C)	得分/分	不易发(D)	得分/分
3	沟口泥石流堆积活动	河形弯曲或堵塞,大河主流受挤压偏移	14	河形无较大变化,仅大河主流受迫偏移	11	河形无变化,大河主流在高水位不偏,在低水位偏	7	无河形变化,主流不偏移	1
4	河沟纵坡降	>12°(213‰)	12	12°～6°(213‰～105‰)	9	6°～3°(105‰～52‰)	6	<3°(52‰)	1
5	区域构造影响程度	强抬升区,六级以上地震区	9	抬升区,4～6级地震区,有中小支断层或无断层	7	相对稳定区,4级以下地震区,有小断层	5	沉降区,构造影响小或无影响	1
6	流域植被覆盖率/%	<10	9	10～30	7	30～60	5	>60	1
7	河沟近期一次变幅/m	>2	8	2～1	6	1～0.2	4	<0.2	1
8	岩性影响	软岩、黄土	6	软硬相间	5	风化和节理发育的硬岩	4	硬岩	1
9	沿沟松散物贮量/($10^4 m^3 \cdot km^{-2}$)	>10	6	10～5	5	5～1	4	<1	1
10	沟岸山坡坡度	>32°(625‰)	6	32°～25°(625‰～466‰)	5	25°～15°(466‰～286‰)	4	<15°(268‰)	1
11	产砂区沟槽横断面	V型谷、谷中谷、U型谷	5	拓宽U型谷	4	复式断面	3	平坦型	1
12	产砂区松散物平均厚度/m	>10	5	10～5	4	5～1	3	<1	1
13	流域面积/km²	<5	5	5～10	4	10～100	3	>100	1
14	流域相对高差/m	>500	4	500～300	3	300～100	3	<100	1
15	河沟堵塞程度	严重	4	中等	3	轻微	2	无堵塞	1

3. 分级标准

根据野外调查结果进行打分,确定各评价单元易发程度综合分值,按插值法换算泥石流易发性指数,参照《浙江省乡镇(街道)地质灾害风险调查评价技术要求(1∶2000)试行》和《浙江省自然资源厅关于高质量推进地质灾害风险调查评价工作的通知》(浙自然资厅函〔2021〕527号),根据表3-23中的分级标准,对各评价单元地质灾害易发程度等级进行划分。

表3-23 泥石流易发程度指数换算取值及分级表

泥石流易发性评分值/分	116～130	87～115	44～86	15～43
易发程度等级	高易发	中易发	低易发	不易发
换算后易发性综合指数值(Y_i)	$4<Y_i\leq5$	$3<Y_i\leq4$	$2<Y_i\leq3$	$1\leq Y_i\leq2$

对仙溪镇61条泥石流沟谷流域易发程度、易发指数进行评价,部分评价结果见表3-24。对沟谷流域内的斜坡单元,结合泥石流沟谷流域易发性评价结果和斜坡单元易发性评价结果,取大值作为最终易发性评价结果。

(三)评价结果

根据上述评价体系及方法生成仙溪镇地质灾害易发程度分区图,再结合野外调查实际情况对评价结果进行校核后,最终确定仙溪镇地质灾害易发程度评价结果。仙溪镇滑坡、崩塌易发性分区见图3-13,泥石流易发性分区见图3-14,滑坡、崩塌、泥石流地质灾害易发性分区统计结果见表3-25。

评价结果显示,仙溪镇无高易发斜坡单元;中易发斜坡单元246个,占全镇斜坡单元总数的18.58%,面积18.44km²,占全镇总面积的18.72%;低易发斜坡单元1073个,占全镇斜坡单元总数的81.04%,面积73.31km²,占全镇总面积的74.4%;不易发及平原区单元5个,占全镇斜坡单元总数的0.38%,面积6.79km²,占全镇总面积的6.89%。

区域上,中易发泥石流主要分布在马鸣瑞村、大公山村、龙湖村,这些区域沟谷两侧斜坡浅表有覆盖层与下伏基岩形成的基覆接触面,降雨易诱发沟岸崩滑,为泥石流提供物源,其次是沟谷比降大、沟谷狭窄,汇水条件好;中易发斜坡单元主要分布于覆盖层厚度大的大公山村、西庄村,该区域人类工程活动较强烈,大公山村削坡修路、盘山路切割山体,西庄村削坡建房,人口密度相对其他区域较大,屋后切坡较多,总体上切坡揭露破碎岩体,打破原有力学平衡,易致灾。

表 3-24 仙溪镇沟谷型泥石流易发程度及指数评价表

序号	斜坡单元号	评价指标量级															总分/分	易发程度	易发指数
		(1)崩塌、滑坡及水土流失	(2)泥砂沿程补给长度比	(3)沟口泥石流堆积活动	(4)河沟纵坡降	(5)区域构造影响程度	(6)流域植被覆盖率	(7)河沟近期一次变幅	(8)岩性影响	(9)沿沟松散物贮量	(10)沟岸山坡坡度	(11)产砂区沟槽横断面	(12)产砂区松散物平均厚度	(13)流域面积	(14)流域相对高差	(15)河沟堵塞程度			
1	沟谷1	B	A	C	A	D	D	D	C	C	B	A	C	A	A	C	86	低易发	3.00
2	沟谷2	A	A	B	A	D	D	C	C	C	B	A	D	A	A	B	97	中易发	3.38
3	沟谷3	B	A	D	A	D	D	C	C	C	A	A	C	A	A	C	84	低易发	2.95
4	沟谷4	B	A	C	A	D	D	C	C	B	A	A	D	A	B	B	92	中易发	3.21
5	沟谷5	B	A	D	A	D	D	D	C	C	B	A	D	A	A	C	78	低易发	2.81
6	沟谷6	C	A	D	A	D	D	C	C	D	A	A	D	A	B	C	73	低易发	2.69
7	沟谷7	C	A	D	A	D	D	D	C	C	B	A	D	A	A	C	74	低易发	2.71
…	…	…	…	…	…	…	…	…	…	…	…	…	…	…	…	…	…	…	…
54	沟谷54	B	A	C	A	D	D	C	C	C	A	A	C	A	B	B	87	中易发	3.03
55	沟谷55	C	A	D	A	D	D	C	C	C	A	A	C	A	B	C	76	低易发	2.76
56	沟谷56	B	A	C	A	D	D	C	C	C	A	A	C	A	B	B	90	中易发	3.14
57	沟谷57	C	A	D	A	D	D	C	C	C	B	A	C	A	B	C	76	低易发	2.76
58	沟谷58	C	A	D	A	D	D	C	C	C	B	A	C	A	B	C	75	低易发	2.74
59	沟谷59	C	A	D	A	D	D	C	C	C	A	A	C	A	B	C	75	低易发	2.74
60	沟谷60	A	A	C	A	D	D	C	C	C	A	A	C	A	B	B	95	中易发	3.31
61	沟谷61	A	A	B	A	D	D	C	B	C	A	A	C	A	A	B	101	中易发	3.52

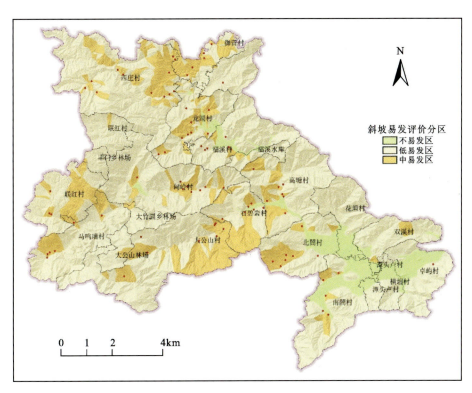

图 3-13　仙溪镇滑坡、崩塌易发性分区图

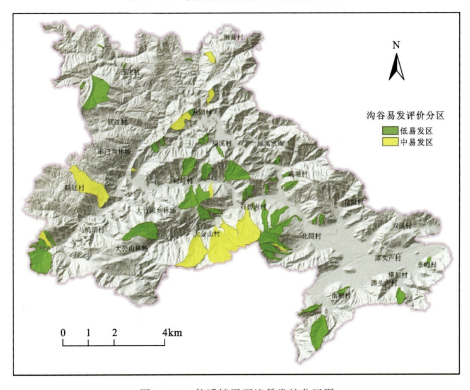

图 3-14　仙溪镇泥石流易发性分区图

表 3-25　仙溪镇地质灾害易发性评价结果一览表

易发等级	斜坡单元数/个	单元数占比/%	斜坡面积/km²	面积占比/%
不易发及平原区	5	0.38	6.79	6.89
低易发	1073	81.04	73.31	74.40
中易发	246	18.58	18.44	18.72
高易发	0	0.00	0.00	0.00
合计	1324	100.00	98.54	100.00

二、仙溪镇地质灾害危险性评价

(一)评价指标体系

1. 评价方法

仙溪镇地质灾害危险性以易发性评价为基础,采用危险性指数法进行评价,计算公式如下:

$$H_i = Y_i / Y_{max} \times P_i \tag{3-5}$$

式中:H_i——某种工况下第 i 个评价单元危险性指数(危险性概率);

Y_i——第 i 个评价单元易发性指数;

Y_{max}——最大易发性指数,$Y_{max}=5$;

P_i——某种工况下第 i 个评价单元给定时间段内的失稳概率。

P_i 需根据区域、重要地段不同精度要求采用不同方法计算。对于区域地质灾害危险性评价,采用基于极值降雨假设的 P_i 确定方法,即基于评价区历史上有地质灾害发生的事实。假设有监测纪录以来,24 小时最大降雨量 $L_{max/day}$ 为灾害发生的触发因素,不同降雨工况下失稳概率则可表达为:$P_i = L/L_{max/day}$,L 对照 4 种工况,分别取 24h 降雨量 35mm、75mm、175mm、250mm。

$L_{max/day}$ 的选择:本次调查中收集了仙溪镇 3 个雨量站近年来的最大 24h 降雨量,其中北雁荡站 $L_{max/day}=337.3$mm,福溪水库站 $L_{max/day}=431.1$mm,甸岭下村站 $L_{max/day}=346.7$mm。

对于重要地段的地质灾害危险性评价,采用基于边坡稳定性分析的 P_i 确定方法,即先对不同降雨工况下的边坡逐坡进行稳定性计算,得到各斜坡的稳定性系数 F_s,然后根据《滑坡防治工程勘查规范》(GB/T 32864—2016)中,稳定性系数 F_s 值与稳定性对应关系(表 3-26),分段插值确定失稳概率 P_i。

表 3-26 稳定性系数与失稳概率 P_i 对应表

稳定性系数 F_s	$F_s \leq 1$	$1 < F_s \leq 1.05$	$1.05 < F_s \leq 1.15$	$F_s > 1.15$
稳定性等级	不稳定	欠稳定	基本稳定	稳定
失稳概率 P_i	$P_i = 1$	$0.8 \leq P_i < 1$	$0.2 \leq P_i < 0.8$	$P_i = 0.2$

2. 降雨工况指标

仙溪镇地质灾害危险性评价指标体系在易发性评价体系的基础上,增加大雨、暴雨、大暴雨、特大暴雨 4 种不同的降雨工况指标,分析不同工况下斜坡单元发生灾害的失稳概率和空间强度。4 种工况的划分标准以 12h 内或 24h 内降雨量来判定,判定标准见表 3-27。在进行危险性评价时,4 种不同工况降雨量按 24h 内降雨量进行取值,分别取 24h 降雨量 35mm、75mm、175mm、250mm。

表 3-27 降雨工况划分标准表   单位:mm

降雨工况	技术要求参考值		评价取值
	12h 内降雨量	24h 内降雨量	24h 内降雨量
大雨	15~30	25~50	35
暴雨	30~70	50~100	75
大暴雨	70~140	100~250	175
特大暴雨	≥140	≥250	250

3. 分级标准确定

根据危险性指数法,按式(3-5)计算得到每个评价单元的危险性指数,根据以下分级标准(表 3-28)对各评价单元地质灾害危险程度等级进行划分。

表 3-28 地质灾害危险程度划分标准表

地质灾害危险程度	极高危险	高危险	中危险	低危险
危险性指数 H_i	$0.8 < H_i \leq 1$	$0.6 < H_i \leq 0.8$	$0.4 < H_i \leq 0.6$	$0 < H_i \leq 0.4$

(二)评价结果

根据上述地质灾害危险性评价体系及方法,计算各个评价单元不同工况下的地质灾害危险性指数,对分级后得到仙溪镇不同降雨工况下地质灾害危险程度评价结果,具体见图 3-15 及表 3-29。

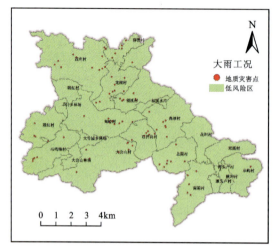
(a)大雨工况(35mm/d)

(b)暴雨工况(75mm/d)

(c)大暴雨工况(175mm/d)

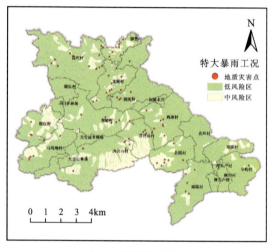
(d)特大暴雨工况(250mm/d)

图 3-15 仙溪镇不同降雨工况下地质灾害危险程度分区图

由仙溪镇不同降雨工况下地质灾害危险性评价结果可知:

(1)大雨工况下,仙溪镇全镇范围均为低危险性。

(2)暴雨工况下,仙溪镇地质灾害危险程度划分为中危险和低危险两级。中危险斜坡单元2个,占斜坡单元总数的0.15%,面积0.25km²,占全镇总面积的0.26%;低危险斜坡单元1322个,占全镇总斜坡单元的99.85%,面积98.29km²,占全镇总面积的99.74%。

(3)大暴雨工况下,仙溪镇地质灾害危险程度划分为中危险和低危险两级。中危险斜坡单元11个,占斜坡单元总数的0.83%,面积0.74km²,占全镇总面积的0.75%;低危险斜坡单元1313个,占全镇总斜坡单元的99.17%,面积97.80km²,占全镇总面积的99.25%。

表 3-29 仙溪镇不同降雨工况下地质灾害危险性评价结果一览表

降雨工况	危险性分区	斜坡单元数/个	数量占比/%	斜坡面积/km²	面积占比/%
大雨工况 (35mm/d)	极高危险	/	/	/	/
	高危险	/	/	/	/
	中危险	/	/	/	/
	低危险	1324	100	98.54	100
暴雨工况 (75mm/d)	极高危险	/	/	/	/
	高危险	/	/	/	/
	中危险	2	0.15	0.25	0.26
	低危险	1322	99.85	98.29	99.74
大暴雨工况 (125mm/d)	极高危险	/	/	/	/
	高危险	/	/	/	/
	中危险	11	0.83	0.74	0.75
	低危险	1313	99.17	97.80	99.25
特大暴雨工况 (250mm/d)	极高危险	/	/	/	/
	高危险	/	/	/	/
	中危险	217	16.39	17.32	17.58
	低危险	1107	83.61	81.22	82.42

（4）特大暴雨工况下，仙溪镇地质灾害危险程度划分为中危险和低危险两级。中危险斜坡单元 217 个，占斜坡单元总数的 16.39%，面积 17.32km²，占全镇总面积的 17.58%；低危险斜坡单元 1107 个，占全镇总斜坡单元的 83.61%，面积 81.22km²，占全镇总面积的 82.42%。

（三）评价精度检验

为检验仙溪镇危险性评价结果的准确性，采用工作特征曲线 ROC（receiver operating characteristic）进行定量检验。ROC 曲线是根据模型评价结果绘制的坐标点（0,0）和（1,1）之间的连线，通过计算和比较曲线下方面积 AUC（area under curve），作为有效性验证的标准，线下面积越大表明评价结果越好。

以危险性单元累计面积与总面积的百分比为横轴，以对应区间内历史地质灾害点的累积数量百分比为纵轴，绘制 ROC 曲线（图 3-16）。由图可知，AUG 值为 0.845，表明灾害点所在区域整体危险性指数较大，这与野外实际调查情况较吻合，结果可信度较高，危险分区结果与研究区已发生地质灾害情况吻合度好。由此可知，在该评价中所采用的评价模型、评价因子对于仙溪镇地质灾害危险性评价适用，评价结果合理。

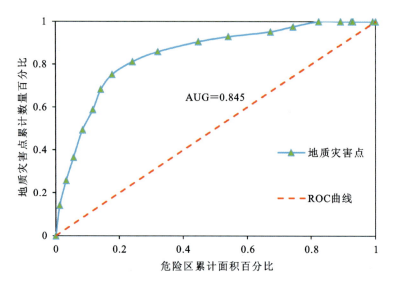

图 3-16 地质灾害危险性评价结果 ROC 曲线图

三、仙溪镇地质灾害风险评价

(一)承灾体识别与易损性评价

地质灾害风险评价对象分为人员和经济类两种类型的承灾体,评价计算的承灾体为斜坡单元最大可能影响范围内所有人员或经济价值的总和。工作区内斜坡单元的最大可能影响范围是根据航片(图 3-17)、卫片解译(图 3-18),野外调查实地圈定和工作区内以往发生的地质灾害特征综合考虑。按照《浙江省乡镇(街道)地质灾害风险调查评价技术要求(1∶2000)试行》,以单个独立承灾体为统计单元,从不动产登记数据、乡镇国土资源所和野外实地调查等方面收集资料。评价人口承灾体主要统计户籍人口户数,评价经济承灾体中的建筑物及线性工程价值标准如表 3-30 所示。

仙溪镇承灾体易损性确定如下:

(1)人员易损性的数值区间为 0~1,按最大风险原则,根据稳定性评价结果,认定斜坡失稳破坏后,在最大可能威胁范围之内的人员,其易损性为 1,在最大可能威胁范围之外的人员,其易损性为 0。

(2)经济类承灾体易损性的数值区间为 0~1。根据承灾体本身的特征及与灾害体的空间位置关系等定性或半定量评估给定,部分承灾体的易损性参照表 3-31 和表 3-32 取值,当无法划分危害区等级与范围时,按严重危险区等级判定。

图 3-17　承灾体无人机影像　　　　图 3-18　航空卫片遥感解译房屋

表 3-30　仙溪镇经济类承灾体价值表

承灾体类型	单位	单价/元
框架	m²	1150
砖混	m²	950
砖木	m²	730
石木	m²	510
简易	m²	230
公路（乡道）	m	1000

表 3-31　建筑物易损性参照表

地质灾害威胁强度分区	建筑物易损性			
	钢结构	钢筋混凝土结构	砖结构	简易结构
无危害区	0	0	0	0
轻微危害区	0.2	0.4	0.6	0.8
中等危害区	0.4	0.6	0.8	1.0
严重危害区	0.6	0.8	1.0	1.0

仙溪镇区域建筑物以混合结构、砖木以及木结构为主，部分为钢筋混凝土结构，整体抗灾能力较差，经济价值较低，易损性取值 0.8～1。全区影响范围内的道路工程主要为乡道，地质灾害产生的危害主要是对路面的掩埋和轻微破损，一般不会造成路基的破坏，通常经小规模清理、修复后即可恢复使用，因此，易损性取 0.1。

表 3-32　线性工程(道路)易损性参照表

地质灾害威胁强度分区	道路破坏状态	易损性
无危害区	无损坏	0
轻微危害区	路基局部下沉，路面出现少量裂缝，对车辆通行影响小，小规模整修即可恢复正常使用	0.1~0.3
中等危害区	路基严重下沉，路面出现大量裂缝、沉陷，部分路面被滑坡淹没，一般车辆无法通行，专门修复后可恢复使用	0.3~0.7
严重危害区	路基严重坍塌，路面严重开裂，部分路面被大量物质淹没，交通完全中断，大规模专门修复后可恢复使用	0.7~1.0

(二)风险评价模型

在地质灾害危险性评价的基础上，采用定量与定性相结合的方法进行风险评价，地质灾害风险按式(3-6)计算：

$$R_i = \sum_{j=1}^{n} H_j \times E_j \times V_j \quad (3-6)$$

式中：R_i——某工况下第 i 评价单元风险值；

H_j——某工况下第 i 评价单元内 j 号承灾体地质灾害危险性指数；

E_j——某工况下第 i 评价单元内 j 号承灾体价值；

V_j——某工况下第 i 评价单元内 j 号承灾体易损性。

风险 R 评价分为人员伤亡风险评价和经济损失风险评价两个方面，分别指某一时间段内地质灾害对人员所造成的潜在伤亡风险和对经济类承灾体所造成的潜在经济损失风险。

本次评价时间段按一年考虑，对于人员伤亡风险，以人员伤亡数量的年概率(人/a)表示，对于经济损失风险，则以经济损失价值的年概率(万元/a)表示。

根据计算所得的风险评价值，参照表3-33进行分级，按照人口伤亡风险和经济损失的风险等级，以"就高"原则确定综合风险值。

表 3-33　地质灾害风险等级划分标准表

地质灾害风险等级	极高风险	高风险	中风险	低风险
人员伤亡风险 $R/(人 \cdot a^{-1})$	$R \geqslant 30$	$10 \leqslant R < 30$	$3 \leqslant R < 10$	$R < 3$
经济损失风险 $R/(万元 \cdot a^{-1})$	$R \geqslant 1000$	$500 \leqslant R < 1000$	$100 \leqslant R < 500$	$R < 100$
综合风险 R	按照人员伤亡风险和经济损失的风险等级，以"就高"原则确定			
说明	人员伤亡风险、经济损失风险以单个评价单元内统计			

(三)评价结果

在确定不同降雨工况条件下区内地质灾害危险性评价的基础上,以二级斜坡为评价单元,通过分析地质灾害危险性评价指数,耦合承灾体人口和经济价值,采用定量计算的方法进行地质灾害风险评价。

1. 人员伤亡风险等级评价结果

对不同工况下的人员伤亡风险等级进行分级统计,不同降雨工况下仙溪镇地质灾害人员伤亡风险分区情况见图 3-19,不同降雨工况下人员伤亡风险分级统计结果见表 3-34。从结果来看,在大雨工况下,区内分布 5 个中风险区,其余为低风险区;在暴雨工况下,区内

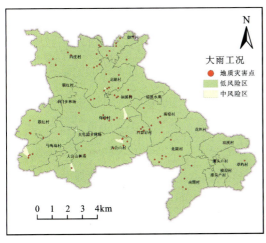

(a)大雨工况(35mm/d)

(b)暴雨工况(75mm/d)

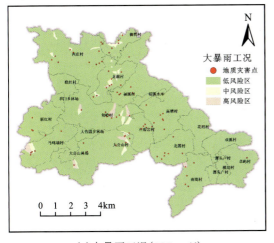

(c)大暴雨工况(175mm/d)

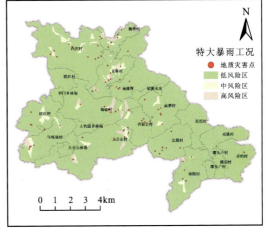

(d)特大暴雨工况(250mm/d)

图 3-19 仙溪镇地质灾害人员伤亡风险分区图

分布18个中风险区,其余为低风险区;在大暴雨工况下,区内分布9个高风险区,31个中风险区,其余为低风险区;在特大暴雨工况下,区内分布18个高风险区,56个中风险区,其余为低风险区。

表3-34 仙溪镇不同降雨工况下人员伤亡风险分级统计表

降雨工况	风险分级	斜坡单元数/个	单元数占比/%	斜坡面积/km²	面积占比/%
大雨工况	极高风险	/	/	/	/
	高风险	/	/	/	/
	中风险	5	0.38	0.55	0.56
	低风险	1319	99.62	97.99	99.44
暴雨工况	极高风险	/	/	/	/
	高风险	/	/	/	/
	中风险	18	1.36	1.49	1.51
	低风险	1306	98.64	97.05	98.49
大暴雨工况	极高风险	/	/	/	/
	高风险	9	0.68	0.98	1
	中风险	31	2.34	1.62	1.64
	低风险	1284	96.98	95.9	97.36
特大暴雨工况	极高风险	/	/	/	/
	高风险	18	1.36	1.49	1.51
	中风险	56	4.23	3.31	3.36
	低风险	1250	94.41	93.75	95.14

由仙溪镇不同降雨工况下人员伤亡风险分级统计结果可知:

(1)大雨工况下,仙溪镇人员伤亡风险分级为中风险和低风险两级。其中,中风险斜坡单元5个,占全镇总斜坡单元的0.38%,面积0.55km²,占全镇总面积的0.56%;低风险斜坡单元1319个,占全镇总斜坡单元总数的99.62%,面积97.99km²,占全镇总面积的99.41%。

(2)暴雨工况下,仙溪镇人员伤亡风险分级为中风险和低风险两级。其中,中风险斜坡单元18个,占全镇总斜坡单元的1.36%,面积1.49km²,占全镇总面积的1.51%;低风险斜坡单元1306个,占全镇总斜坡单元的98.64%,面积97.05km²,占全镇总面积的98.49%。

(3)大暴雨工况下,仙溪镇人员伤亡风险分级为高风险、中风险及低风险3级。其中,高风险斜坡9个,占全镇总斜坡单元的0.68%,面积0.98km²,占全镇总面积的1%;中风险斜坡单元31个,占全镇总斜坡单元的2.34%,面积1.62km²,占全镇总面积的1.64%;低风险斜坡单元1284个,占全镇总斜坡单元的96.98%,面积95.9km²,占全镇总面积的97.36%。

(4)特大暴雨工况下,仙溪镇人员伤亡风险分级为高风险、中风险及低风险3级。其中,高风险斜坡单元18个,占全镇总斜坡单元的1.36%,面积1.49km²,占全镇总面积的1.51%;中风险斜坡单元56个,占全镇总斜坡单元的4.23%,面积3.31km²,占全镇总面积的3.36%;低风险斜坡单元1250个,占全镇总斜坡单元的94.41%,面积93.75km²,占全镇总面积的95.14%。

2. 经济损失风险等级评价结果

对不同降雨工况下的经济损失风险等级进行分级统计,不同降雨工况下仙溪镇地质灾害经济损失风险分区情况见图3-20,不同降雨工况下经济损失风险分级统计结果见表3-35。从结果来看,在大雨和暴雨工况下,区内均为低风险区;在大暴雨工况下,区内分布5个中风险区,其余为低风险区;在特大暴雨工况下,区内分布1个高风险、9个中风险区,其余为低风险区。

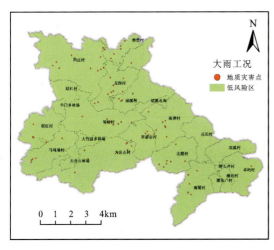

(a)大雨工况(35mm/d)

(b)暴雨工况(75mm/d)

(c)大暴雨工况(175mm/d)

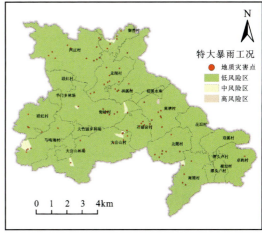

(d)特大暴雨工况(250mm/d)

图3-20 仙溪镇地质灾害经济损失风险分区图

表 3-35 仙溪镇不同降雨工况下经济损失风险分级统计表

降雨工况	风险分级	斜坡单元数/个	单元数占比/%	斜坡面积/km²	面积占比/%
大雨工况	极高风险	/	/	/	/
	高风险	/	/	/	/
	中风险	/	/	/	/
	低风险	1324	100	98.54	100
暴雨工况	极高风险	/	/	/	/
	高风险	/	/	/	/
	中风险	/	/	/	/
	低风险	1324	100	98.54	100
大暴雨工况	极高风险	/	/	/	/
	高风险	/	/	/	/
	中风险	5	0.38	0.64	0.95
	低风险	1319	99.62	97.90	99.05
特大暴雨工况	极高风险	/	/	/	/
	高风险	1	0.08	0.06	0.06
	中风险	9	0.68	1.00	1.02
	低风险	1314	99.24	97.48	98.92

由仙溪镇不同降雨工况下经济损失风险分级统计结果可知：

(1)大雨工况下,仙溪镇全镇经济损失风险为低风险等级。

(2)暴雨工况下,仙溪镇全镇经济损失风险为低风险等级。

(3)大暴雨工况下,仙溪镇经济损失风险分为中风险及低风险两级。其中,中风险斜坡单元5个,占全镇总斜坡单元的0.38%,面积0.64km²,占全镇总面积的0.95%;低风险斜坡单元1319个,占全镇总斜坡单元的99.62%,面积97.90km²,占全镇总面积的99.05%。

(4)特大暴雨工况下,仙溪镇经济损失风险分为高风险、中风险及低风险3级。其中,高风险斜坡单元1个,占全镇总斜坡单元的0.08%,面积0.06km²,占全镇总面积的0.06%;中风险斜坡单元9个,占全镇总斜坡单元的0.68%,面积1.00km²,占全镇总面积的1.02%;低风险斜坡单元1314个,占全镇总斜坡单元的99.24%,面积97.48km²,占全镇总面积的98.92%。

3. 综合风险等级评价结果

对不同降雨工况下的人员损失风险和经济损失风险进行综合分析,得到不同降雨工况下仙溪镇地质灾害综合风险分区图(图3-21),不同降雨工况下综合风险分级统计结果见表3-36。从结果来看,在大雨工况下,区内分布5个中风险区,其余为低风险区;在暴雨工况下,区内分布 18 个中风险区,其余为低风险区;在大暴雨工况下,区内分布 9 个高风险区,31 个中风险区,其余为低风险区;在特大暴雨工况下,区内分布 19 个高风险区,55 个中风险区,其余为低风险区。

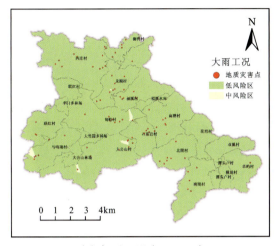

(a)大雨工况(35mm/d)

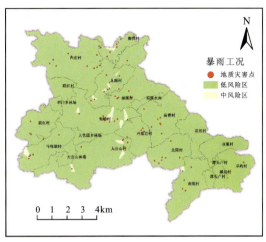

(b)暴雨工况(75mm/d)

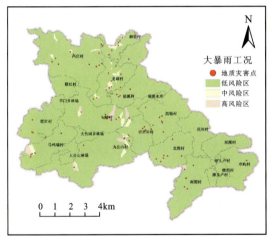

(c)大暴雨工况(175mm/d)

(d)特大暴雨工况(250mm/d)

图 3-21 仙溪镇地质灾害综合风险分区图

由仙溪镇不同降雨工况下综合风险等级统计结果可知:

(1)大雨工况下,仙溪镇综合风险等级为中风险和低风险两级。其中,中风险斜坡单元 5 个,占全镇总斜坡单元的 0.38%,面积 0.55km², 占全镇总面积的 0.56%;低风险斜坡单元 1319 个,占全镇总斜坡单元的 99.62%,面积 97.99km², 占全镇总面积的 99.44%。

(2)暴雨工况下,仙溪镇综合风险等级为中风险和低风险两级。其中,中风险斜坡单元 18 个,占全镇总斜坡单元的 1.36%,面积 1.49km², 占全镇总面积的 1.51%;低风险斜坡单元1306个,占全镇总斜坡单元的98.64%,面积97.05km²,占全镇总面积的98.49%。

(3)大暴雨工况下,仙溪镇综合风险等级为高风险、中风险及低风险3级。其中,高风险斜坡单元9个,占全镇总斜坡单元的0.68%,面积0.98km²,占全镇总面积的1%;中风险斜坡单元31个,占全镇总斜坡单元的2.34%,面积1.62km²,占全镇总面积的1.64%;低风险斜坡单元1284个,占全镇总斜坡单元的96.98%,面积95.94km²,占全镇总面积的97.36%。

(4)特大暴雨工况下,仙溪镇综合风险等级为高风险、中风险及低风险3级。其中,高风险斜坡单元19个,占全镇总斜坡单元的1.44%,面积1.54km²,占全镇总面积的1.56%;中风险斜坡单元55个,占全镇总斜坡单元的4.15%,面积3.25km²,占全镇总面积的3.30%;低风险斜坡单元1250个,占全镇总斜坡单元的94.41%,面积93.75km²,占全镇总面积的95.14%。

表3-36 仙溪镇不同降雨工况下综合风险分级统计表

降雨工况	风险分级	斜坡单元数/个	单元数占比/%	斜坡面积/km²	面积占比/%
大雨工况	极高风险	/	/	/	/
	高风险	/	/	/	/
	中风险	5	0.38	0.55	0.56
	低风险	1319	99.62	97.99	99.44
暴雨工况	极高风险	/	/	/	/
	高风险	/	/	/	/
	中风险	18	1.36	1.49	1.51
	低风险	1306	98.64	97.05	98.49
大暴雨工况	极高风险	/	/	/	/
	高风险	9	0.68	0.98	1
	中风险	31	2.34	1.62	1.64
	低风险	1284	96.98	95.94	97.36
特大暴雨工况	极高风险	/	/	/	/
	高风险	19	1.44	1.54	1.56
	中风险	55	4.15	3.25	3.30
	低风险	1250	94.41	93.75	95.14

第四章 浙东南台风暴雨诱发型地质灾害降雨阈值研究

浙东南区内降雨分布不均,各县(市、区)孕灾地质条件复杂,地质灾害类型按诱发因素可划分为台风暴雨诱发型、非台风降雨诱发型和非降雨诱发型3种类型。统计数据表明,浙东南地质灾害发生的数量以台风暴雨诱发型为主,非台风降雨诱发型少见,非降雨诱发型极少见。本章主要针对浙东南台风暴雨诱发型地质灾害的降雨阈值进行研究。

第一节 浙东南气象水文

一、气象

温州市地处我国东南沿海,全年气候温暖湿润,属亚热带海洋型季风气候,常年平均气温在17.3~19.4℃之间,1月平均气温4.9~9.9℃,7月平均气温26.7~29.6℃。温州西部山区总体因为地势较高,年平均气温比东部、南部沿海地区略低。温州多年平均降雨量在1595mm以上,降雨自东南沿海向西部递增。温州市年内降水分布不均,10月到翌年2月受大陆干冷气团控制,干燥少雨,5个月降水仅约占全年降水量的20%;3—9月受暖湿气流、热对流和台风影响,雨水充沛,占年降水量的80%。其中,春雨季(3—4月)降水量约占全年降水量的20%;梅雨季(5—6月)降水量约占全年降水量的25%;台风雷雨季(7—9月)降水量约占全年降水量的35%,为全年降水高峰期。温州气象站主要气象要素统计见表4-1。

表4-1 温州气象站主要气象要素统计表

气象要素	多年平均气温/℃	极端最高气温/℃	极端最低气温/℃	多年平均水汽压/kPa	多年平均相对湿度/%	多年平均降水量/mm	多年平均雨日/d	多年平均蒸发量/mm	多年平均风速/(m·s^{-1})	实测最大风速/(m·s^{-1})	最大风速相应风向
温州气象站	17.9	38.6	-4.5	18.6	81	1 675.0	175.4	1 289.2	2.0	20.0	东北东

二、水文

温州市共有大小河流 1104 条,河网长度达 5 652.34km,分布有浙江省八大水系之三,即瓯江、飞云江、鳌江。其中,瓯江发源于丽水市庆元县锅帽尖,干流全长 388km,流域面积 17 958km^2,从源头至河口,落差 1250m,年径流量 $1.44×10^8$m^3,洪、枯水期流量相差悬殊,最大洪峰流量 23 900m^3/s(1952 年),最小流量仅 10.50m^3/s(1967 年),多年平均流量 512.4m^3/s;飞云江发源于浙闽交界的洞宫山,流域面积 3731km^2,全长 185km,飞云江下游河道宽一般为 600~1000m,入海处宽达 3km,飞云江年径流量在偏丰年约为 $19.13×10^8$m^3,平水年约为 $14.41×10^8$m^3,枯水年约为 $8.19×10^8$m^3;鳌江发源于文成县桂山乡的吴地山南麓,由西向东横贯平阳全境,注入东海,干流全长 90km,流域总面积为 1 530.7km^2。浙东南地势与河流分布见图 4-1。

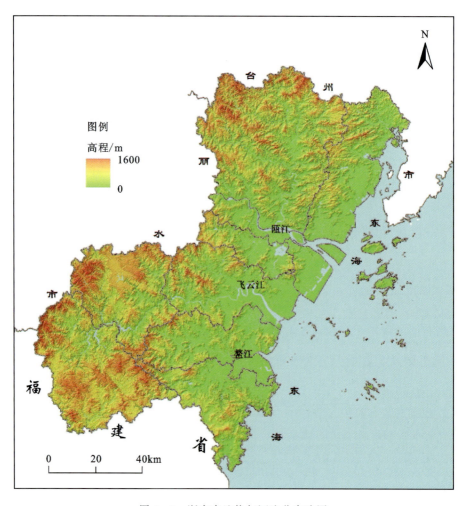

图 4-1 浙东南地势与河流分布略图

第二节　地质灾害降雨阈值研究

地质灾害的发生是一个多因素共同作用的复杂物理过程,是内因和外因共同影响的结果。气象条件是地质灾害突然暴发的重要自然诱因,其中持续降雨和短时强降雨是导致潜在地质灾害发生的关键因素。浙东南地质灾害大部分发生在台风暴雨期,本节在充分收集、分析已有地质灾害资料的基础上,开展台风暴雨与地质灾害发生关系之间的研究,优化浙东南地质灾害气象预警阈值,为精细化地质灾害气象风险预报预警提供支撑。

一、降雨阈值研究方法

1. 资料收集

温州市雨量监测站建成时间跨度大、数量多,降雨量统计数据丰富。此次研究主要收集了1999年以来历次有严重影响的台风且有完整过程降雨量信息的样本数据,以及对相关降雨引发的地质灾害点的基本信息进行整理分析。地质灾害点一般无常规雨量站,故采用距离最近的雨量站降雨资料代表灾害发生点的雨量。

2. 数据分析

对1999年以来有雨量站且收集到完整过程降雨量信息的地质灾害点进行梳理,信息包括灾害类型、发生时间、发生位置、地层岩性、灾害等级。根据已收集的地质灾害编录信息和过程降雨量资料,分析提取引发地质灾害的一个降雨事件的特征,包括降雨强度 I、降雨历时 D、过程累积雨量 E 等。通过选择降雨强度 I 与降雨历时 D 两类降雨特征值进行拟合,获得阈值拟合曲线及阈值拟合方程。主要过程如下:

(1)将引发地质灾害的降雨事件历时和降雨强度分别展布至双对数坐标图上。

(2)对坐标区域的样本点按式(4-1)进行拟合:

$$I = CD^{-a} \tag{4-1}$$

式中:I——平均降雨强度(mm/h);

　　D——降雨历时(h);

　　C——比例常数,代表降雨历时 $D=1$ 时引发地质灾害的降雨量;

　　a——双对数坐标图上对降雨强度 I 与降雨历时 D 进行拟合得到的直线的斜率。

(3)根据得到的拟合方程,将 1h、3h、6h、24h 降雨历时分别代入方程,计算获得相应降雨历时条件下引发地质灾害的降雨阈值。

3. 降雨阈值确定

由于各个地区的地形地貌、地层岩性、地质构造等地质灾害孕灾条件不同,降雨阈值存在较大差异。不同区域降雨阈值的确定,还需基于当地区域地质灾害发育特征,对通过降雨

强度与降雨历时两类降雨特征值拟合计算获得的降雨阈值进行适当调整。调整方法可采用专家法、经验法、类比法,具体如下:

(1)专家法。基于降雨阈值计算值,由专家综合考虑地质灾害孕灾条件以及发育特征等因素,对降雨阈值进行确定。

(2)经验法。通过对小区域历年降雨引发的地质灾害点的数据以及降雨过程信息整理分析,根据降雨情况及地质灾害发育特征,结合以前经验对降雨阈值进行确定。

(3)类比法。结合类似地质灾害发生情况与降雨量关系,对类似工程地质条件的地质灾害降雨阈值进行类比确认。

二、降雨阈值计算分析

(一)温州市降雨阈值计算分析

考虑到温州市市域面积较大,区内的降雨分布不均,为提高降雨阈值的精确性,本次温州市降雨阈值计算分析结合行政区划,以瓯江为分界线,将温州市分为南、北两个部分(表4-2),分别进行降雨阈值研究。

表4-2 温州市降雨阈值研究区域划分

区域	县(市、区)	特征
北部	乐清市、永嘉县	孕灾地质条件复杂
南部	鹿城区、洞头区、瓯海区、龙湾区、龙港市、瑞安市、苍南县、文成县、平阳县、泰顺县	孕灾地质条件中等—复杂

1. 资料收集和处理

按照以下两个原则选择地质灾害数据为研究样本:

(1)在一个不良地质体发生当天的24h或更长时间内,距离最近的雨量站有连续的降雨记录。

(2)该不良地质体与任何人类工程活动无关。

根据收集到的1999—2021年历次影响严重的台风暴雨期各雨量站最大1h、3h、6h、24h雨量以及相应过程总雨量等雨量资料,从这些雨量站的降雨监测记录中可以获得研究样本发生日期(时间)对应的最大1h、3h、6h、12h、24h降雨量、过程总雨量,进而计算得到平均降雨强度数据,以此作为导致地质灾害发生的降雨条件。

用于确定降雨强度I-降雨历时D阈值的降雨数据有关的地质灾害研究样本,来源于距离地质灾害最近雨量站的与灾害发生日期对应的小时降雨监测数据,具体数据见表4-3和表4-4。

表 4-3 温州北部历次台风的降雨量统计表　　　　　　　　　　　单位:mm

发生时间及名称	雨量站	1h 雨量	3h 雨量	6h 雨量	24h 雨量
1999年9月4日 洪灾	西山	117.8	243.3	275.5	314.9
	海坦山	137.6	317.8	378.0	404.7
	永嘉气象台	112.9	225.4	276.4	286.2
	上塘	106.9	207.2	239.3	245.6
	上塘岭脚	122.2	245.4	276.7	286.2
2004年8月12日 "云娜"	福溪水库	70.5	157.5	225.5	540.0
	乐清硐头	90.5	204.0	361.5	863.5
2019年8月 "利奇马"	乐清 K3178	62.3	141.3	222.0	470.7
	乐清 K3017	52.2	134.3	178.3	398.5
	乐清 K3121	35.2	85.0	127.7	223.0
	乐清 K3173	63.6	154.4	210.5	483.7
	乐清 K3014	47.4	129.5	229.7	503.2
	永嘉山早	62.5	159.2	239.3	/

表 4-4 温州南部历次台风的降雨量统计表　　　　　　　　　　　单位:mm

发生时间及名称	雨量站	1h 雨量	3h 雨量	6h 雨量	24h 雨量
2005年9月1日"泰利"	文成西坑	70.5	151.0	212.5	313.0
	文成黄坦	61.0	140.5	232.0	359.5
2006年8月"桑美"	苍南昌禅	105.0	269.0	435.0	586.0
2009年8月"莫拉克"	平阳昆阳	60.1	139.0	223.0	532.0
2013年10月7日"菲特"	瓯海泽雅	70.0	172.0	253.0	430.5
2015年8月8日 "苏迪罗"	泰顺仕阳	71.6	123.6	168.4	526.8
	珊溪毛坑里	90.5	151.0	254.5	467.0
	平阳朝阳	82.0	167.0	235.5	382.5
	岩口渡筏	54.2	132.7	200.1	339.7
	平阳顺溪石柱	83.0	142.0	207.5	264.5
2016年9月15日 "莫兰蒂"	泰顺筱村	69.4	114.2	125.6	186.0
	泰顺柳峰	93.6	234.4	317.8	390.2
	泰顺雅阳	81.1	211.8	265.3	394.1
	泰顺东溪	77.8	207.6	269.1	352.2
	泰顺翁山	92.5	172.5	226.0	300.0

续表 4-4

发生时间及名称	雨量站	1h 雨量	3h 雨量	6h 雨量	24h 雨量
2016 年 9 月 15 日 "莫兰蒂"	泰顺卢梨	94.6	231.7	293.3	379.3
	泰顺新浦	60.6	142.1	168.7	230.6
	瓯海五凤垟	67.2	135.5	179.3	277.0
	瓯海泽雅	60.5	128.1	166.1	242.7
	瓯海坑口塘	64.2	105.3	143.7	210.0
2016 年 9 月 28 日 "鲇鱼"	文成峃口	74.5	148.5	198.5	398.5
	文成光明	79.5	189.5	225.5	619.5
	文成公阳	87.5	177.5	212.5	449.0
	文成柳山	80.4	166.5	211.9	461.9
2020 年 8 月 "黑格比"	龙湾瑶湖	63.5	160.5	262.5	333.0
	龙湾状元	76.0	197.5	267.0	323.0
	龙湾海城	38.5	95.0	136.5	170.5

2. 降雨阈值计算

将温州市南、北部降雨强度 I 和降雨历时 D 数据分别在双对数坐标系中(图 4-2)按照式(4-1)进行拟合,得到降雨强度 I 与降雨历时 D 的拟合方程式为

温州市南部: $$I=84.08D^{-0.51} \quad (4-2)$$

温州市北部: $$I=93.89D^{-0.50} \quad (4-3)$$

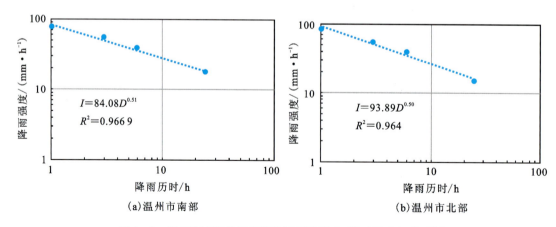

图 4-2 温州市引发地质灾害的降雨强度 I-降雨历时 D 关系图

分别将温州市南、北部 1h、3h、6h、24h 降雨历时值代入式(4-2)和式(4-3),计算获得温州市南、北部相应降雨历时条件下引发地质灾害的降雨阈值,见表 4-5。

表 4-5 温州市南、北部降雨阈值参考值

区域	指标	历时雨量/mm			
		1h	3h	6h	24h
温州市南部	平均降雨强度/(mm·h^{-1})	84.08	48.28	34.02	16.89
	累计降雨量/mm	84.08	144.83	204.11	405.40
温州市北部	平均降雨强度/(mm·h^{-1})	93.89	54.15	38.26	19.11
	累计降雨量/mm	93.89	162.45	229.58	458.52

(二) 县域降雨阈值计算分析——以文成县为例

随着浙东南地质灾害风险管控工作的大力推进,为了更精准地进行地质灾害气象风险预报预警,温州市下辖的 13 个县(市、区)均完成了各域内的降雨阈值分析。限于篇幅,本节以文成县降雨阈值计算分析为例进行介绍。

1. 资料收集和处理

文成县降雨阈值计算分析的数据为 1999 年至 2021 年台风暴雨期发生的 60 处地质灾害点样本。其中,样本涉及相关雨量站 12 个,且雨量站的降雨监测记录中可以获得研究样本的基本信息以及发生时对应的最大 1h、3h、6h、12h、24h 降雨量、过程总雨量,进而可以计算得到平均降雨强度数据。所收集的样本降雨数据(表 4-6)能够充分反映导致这些滑坡和崩塌发生的降雨条件。

表 4-6 文成县地质灾害及对应雨量数据统计样本表

序号	名称	时间	最大降雨量/mm				
			1h	3h	6h	12h	24h
1	珊溪镇罗山村和平田毛秀英屋后滑坡	2008 年 8 月 9 日	45.2	86.1	109.5	211.0	288.5
2	珊溪镇李夏村滑坡	1990 年 9 月 4 日	52.2	90.6	140.8	160.5	294.5
3	珊溪镇下山村金钟山滑坡	1990 年 9 月 4 日	52.2	90.6	140.8	160.5	294.5
4	珊溪镇君阳村大秧地后山滑坡	2005 年 9 月 1 日	31.2	70.5	115.4	190.2	240.5
5	珊溪镇朱川村沙湾坑朱明洋屋后滑坡	2005 年 8 月 6 日	35.6	80.2	130.8	224.0	350.6
6	珊溪镇毛坑村毛瑞志屋后滑坡	2005 年 7 月 18 日	40.5	72.6	120.8	210.6	314.0
7	珊溪镇君阳村大秧地黄泥田滑坡	2005 年 9 月 1 日	31.2	70.5	115.4	190.2	240.5

续表 4-6

序号	名称	时间	最大降雨量/mm				
			1h	3h	6h	12h	24h
8	珊溪镇西黄村黄九山滑坡	2005年9月1日	31.2	70.5	115.4	190.2	240.5
9	珊溪镇君阳村野猪堂包成夫屋后滑坡	2015年8月8日	35.2	77.5	138.0	206.0	323.0
10	珊溪镇西山村村口山塘边滑坡	2016年9月29日	36.5	88.5	105.5	210.0	345.5
11	黄坦镇新峰村乌支岗滑坡	2005年9月1日	31.2	70.5	115.4	190.2	240.5
12	黄坦镇云峰村后半山垄滑坡	2005年9月1日	31.2	70.5	115.4	190.2	240.5
13	峃口镇新联村新联小学南侧滑坡	2005年9月1日	31.2	70.5	115.4	190.2	240.5
14	峃口镇峃口村邮电局房后滑坡群滑坡	2005年9月1日	31.2	70.5	115.4	190.2	240.5
15	峃口镇龙车村汀埠头叶昌根屋后滑坡	2005年9月1日	31.2	70.5	115.4	190.2	240.5
16	峃口镇龙车村汀埠头叶怀林屋后滑坡	2005年9月1日	31.2	70.5	115.4	190.2	240.
17	峃口镇峃口村乡政府屋后泥石流	2005年9月1日	31.2	70.5	115.4	190.2	240.5
18	峃口镇溪口村周月局屋后滑坡	2005年7月18日	40.5	72.6	120.8	210.6	314.0
19	峃口镇平和村包山胡克海滑坡	2005年7月18日	40.5	72.6	120.8	210.6	314.0
20	峃口镇平和村包山胡克升屋后滑坡	2005年8月6日	35.6	80.2	130.5	224.0	350.6
21	峃口镇廿五坑村雪山陈茂胜屋后滑坡	2005年7月18日	40.5	72.6	120.8	210.6	314.0
22	西坑镇西坑村安福路滑坡	2005年7月18日	40.5	72.6	120.8	210.6	314.0
23	西坑镇双前村卓山钟仙满屋后滑坡	2005年7月18日	40.5	72.6	120.8	210.6	314.0
24	西坑镇中垟村兰桥坑泥石流	2005年9月1日	31.2	70.5	115.4	190.2	240.5
25	西坑镇吴坳村下铺王仕清屋后泥石流	2005年9月1日	31.2	70.5	115.4	190.2	240.5
26	百丈漈镇长垄村钟荣成等7户屋后滑坡	2015年8月9日	35.2	77.5	138.0	206.0	323.0
27	珊溪镇雅坪北山自然村池伟华屋后泥石流	2015年8月9日	35.2	77.5	138.0	206.0	323.0
28	珊溪镇新西山村魏运义等屋后滑坡	2015年8月9日	35.2	77.5	138.0	206.0	323.0
29	西坑镇下垟社区半坑村外山自然村滑坡	2015年8月9日	35.2	77.5	138.0	206.0	323.0
30	西坑镇苍降村石谷垄自然村泥石流	2015年8月9日	35.2	77.5	138.0	206.0	323.0
31	西坑镇让川村钟炳勤等所在斜坡滑坡	2015年8月9日	35.2	77.5	138.0	206.0	323.0
32	峃口镇田东村降头蔡永植屋后滑坡	2015年8月9日	35.2	77.5	138.0	206.0	323.0
33	峃口镇渡渎村后山泥石流	2015年8月9日	35.2	77.5	138.0	206.0	323.0
34	大峃镇村头村三甲田陈隆他屋后滑坡	2015年8月9日	35.2	77.5	138.0	206.0	323.0
35	大峃镇村头村洞背赵仁斋边坡滑坡	2015年8月9日	35.2	77.5	138.0	206.0	323.0
36	大峃镇中林村林坑自然村郑贤敏房前滑坡	2015年8月9日	35.2	77.5	138.0	206.0	323.0
37	大峃镇珊门村文成烈士纪念馆东南侧滑坡	2016年9月28日	36.5	88.5	105.5	210.0	345.5

续表 4-6

序号	名称	时间	最大降雨量/mm				
			1h	3h	6h	12h	24h
38	大峃镇樟坑村白门台村郑夏景屋后滑坡	2016年9月28日	36.5	88.5	105.5	210.0	345.5
39	大峃镇贵坪村程顺总屋后滑坡	2016年9月28日	36.5	88.5	105.5	210.0	345.5
40	大峃镇建新村村委会屋后泥石流	2016年9月28日	36.5	88.5	105.5	210.0	345.5
41	大峃镇下田村王大格等屋后滑坡	2016年9月27日	32.2	74.5	98.5	198.5	323.0
42	大峃镇过山村张山自然村滑坡	2016年9月28日	36.5	88.5	105.5	210.0	345.5
43	大峃镇金山村谢朝甫屋后滑坡	2016年9月28日	36.5	88.5	105.5	210.0	345.5
44	峃口镇龙车村林丙清等屋后泥石流	2016年9月28日	36.5	88.5	105.5	210.0	345.5
45	峃口镇龙车村陈妹珠屋后滑坡	2016年9月28日	36.5	88.5	105.5	210.0	345.5
46	峃口镇峃口村甲岸堂王孔贤等屋后滑坡	2016年9月28日	36.5	88.5	105.5	210.0	345.5
47	峃口镇龙车村南联储藏中心小山泥石流	2016年9月28日	36.5	88.5	105.5	210.0	345.5
48	峃口镇溪口村008号屋后滑坡	2016年9月28日	36.5	88.5	105.5	210.0	345.5
49	峃口镇新联村大垟培陈元勉等屋后滑坡	2016年9月28日	36.5	88.5	105.5	210.0	345.5
50	峃口镇峃口村沿江路513～625号屋后滑坡	2016年9月28日	36.5	88.5	105.5	210.0	345.5
51	周山畲族乡包山底村王孔强等屋后滑坡	2016年9月28日	36.5	88.5	105.5	210.0	345.5
52	黄坦镇吴岙村徐进飞等屋后滑坡	2016年9月28日	36.5	88.5	105.5	210.0	345.5
53	黄坦镇依仁村和山蒋希有屋后坡面泥石流	2016年9月28日	36.5	88.5	105.5	210.0	345.5
54	黄坦镇依仁村黄永满等屋后滑坡	2016年9月28日	36.5	88.5	105.5	210.0	345.5
55	二源镇钟垟村吴晋浩屋后滑坡	2016年9月28日	36.5	88.5	105.5	210.0	345.5
56	二源镇钟垟村胡志建屋后滑坡	2016年9月28日	36.5	88.5	105.5	210.0	345.5
57	百丈漈镇底大会村十八公里自然村滑坡	2016年9月28日	36.5	88.5	105.5	210.0	345.5
58	百丈漈镇西里村叶梨栋屋后滑坡	2016年9月29日	36.5	88.5	105.5	210.0	345.5
59	玉壶镇东樟村炭场居民点东侧公路滑坡	2016年9月28日	36.5	88.5	105.5	210.0	345.5
60	周壤乡路山村石条路梁亦铭屋侧滑坡	2016年9月28日	36.5	88.5	105.5	210.0	345.5

2. 降雨阈值计算

将样本数据的降雨强度 I 和降雨历时 D 数据按式(4-1)在双对数坐标系中进行拟合(图4-3),获得文成县引发地质灾害的降雨强度与降雨历时拟合方程如下:

$$I = 36.606 D^{-0.321} \quad (4-4)$$

将 1h、3h、6h 和 24h 降雨历时值代入拟合方程式(4-4)中,即可由计算获得相应降雨历时条件下引发地质灾害的降雨阈值,如表 4-7 所示。

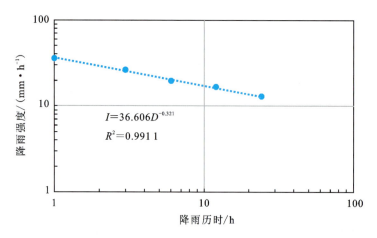

图4-3 文成县引发地质灾害的 I-D 关系图

表4-7 文成县降雨阈值计算值

降雨历时	1h	3h	6h	24h
降雨阈值/mm	36	77	123	316

3. 降雨阈值确定

文成县降雨阈值分析选择基于过程降雨的统计学方法进行分析计算,结合《浙江省文成县农村山区地质灾害调查评价报告》和《文成县地质灾害高风险村庄与人口聚集区防范工作报告》等以往基础资料及临界降雨量分析结果,得出文成县地质灾害发生的预警等级与降雨阈值(1h、3h、6h、24h)建议值,如表4-8所示。

表4-8 文成县地质灾害预警等级与降雨阈值参考值 单位:mm

降雨历时	1h	3h	6h	24h
黄色预警雨量	40	100	120	250
橙色预警雨量	60	130	160	320
红色预警雨量	80	150	200	390

第三节 台风暴雨诱发型地质灾害降雨阈值建议值

在统计分析以往调查资料的基础上,结合浙东南各个县(市、区)地质灾害发育特征以及降雨情况,综合采用基于过程降雨的统计法、专家法、经验法、类比法,针对台风暴雨诱发型地质灾害提出了多种形式的降雨阈值建议值。本书率先提出了县(市、区)按黄色、橙色和红色等地质灾害发生的不同预警等级和按不同地质灾害类型对应的降雨阈值,为区域地质灾害防治统筹管理及精准预测预报提供依据。

一、温州市降雨阈值建议值

考虑温州市南、北部降雨及地质条件差异,根据温州市南部及北部山区调查的样本数据和降雨阈值分析结果,采用统计分析方法并结合各区域的实际情况,分别提出南、北部台风暴雨诱发型地质灾害的降雨阈值建议值。温州市南、北部分区如图4-4所示,降雨阈值建议值见表4-9。

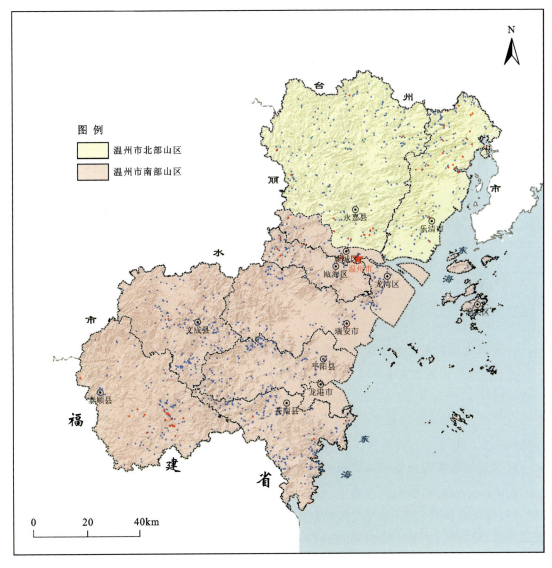

图4-4 温州市南、北部分区图

表 4-9 温州市南、北部台风暴雨诱发型地质灾害降雨阈值建议值　　　　　单位：mm

降雨历时	1h	3h	6h	24h
温州市北部	45	120	200	280
温州市南部	40	110	190	260

二、市辖区降雨阈值建议值

针对温州市鹿城区、龙湾区、瓯海区及洞头区 4 个市辖区的降雨阈值，在以往基础资料的基础上，通过过程降雨量的统计学方法进行分析计算，并结合临界降雨量分析，提出台风暴雨诱发型地质灾害降雨阈值建议值，具体见表 4-10。

表 4-10 温州市辖区台风暴雨诱发型地质灾害降雨阈值建议值　　　　　单位：mm

辖区名称	降雨历时/mm			
	1h	3h	6h	24h
鹿城区	55	105	155	340
龙湾区	40	100	130	260
瓯海区	50	100	130	300
洞头区	65	120	200	350

三、县（市）降雨阈值建议值

1. 采用地质灾害预报等级的降雨阈值建议值

在以往降雨阈值成果的基础上，参考典型地质灾害和气象相关分析，结合地质灾害预警等级分级标准，对温州市下辖的乐清市、龙港市、文成县以及平阳县 4 个县（市）提出了黄色、橙色以及红色预警 3 个地质灾害预警等级在 1h、3h、6h 和 24h 降雨历时的降雨阈值建议值，具体见表 4-11。

2. 采用地质灾害分类的降雨阈值建议值

在以往降雨阈值研究的基础上，对温州市下辖的瑞安市、永嘉县以及苍南县 3 个县（市），根据降雨条件与不同地质灾害种类发生关系之间的研究结果，分别提出了台风暴雨诱发型滑坡、崩塌和泥石流的降雨阈值建议值，具体见表 4-12。

表 4-11 温州市 4 个县(市)不同预警等级的地质灾害降雨阈值建议值　　　　单位:mm

县(市)	预警等级	降雨历时			
		1h	3h	6h	24h
乐清市	黄色预警	50	100	150	250
	橙色预警	60	120	180	300
	红色预警	70	140	210	350
龙港市	黄色预警	50	100	150	250
	橙色预警	60	120	180	300
	红色预警	70	140	210	350
文成县	黄色预警	40	100	120	250
	橙色预警	60	130	160	320
	红色预警	80	150	200	390
平阳县	黄色预警	30	60	80	200
	橙色预警	40	80	120	320
	红色预警	50	95	140	370

表 4-12 温州市 3 个县(市)不同种类地质灾害的降雨阈值建议值　　　　单位:mm

县(市)	地质灾害类型	降雨历时			
		1h	3h	6h	24h
瑞安市	滑坡、崩塌	50	100	140	250
	泥石流	60	140	180	350
永嘉县	滑坡、崩塌	40	100	120	250
	泥石流	60	120	160	350
苍南县	滑坡、崩塌	70	100	150	250
	泥石流	80	120	180	300

3. 采用致灾因子评分法的降雨阈值建议值

地质灾害发生除与降雨强度有关外,还与地质灾害所处的地质环境特征有关。根据降雨与地质灾害发生关系的样本数据分析结果,结合地区经验,将地形坡度、松散层厚度、陡斜坡相对高差和其他因素作为地质灾害风险防范区的基本得分项,对温州市下辖的泰顺县采用致灾因子评分方法进行降雨阈值的计算分析,评分标准见表 4-13。

通过对降雨强度以及其他因素进行评分,确定考虑多种影响因素的泰顺县台风暴雨诱发型地质灾害降雨阈值建议值,具体如表 4-14 所示。

表 4–13 泰顺县地质灾害降雨阈值建议评分标准表

评分项目		赋分				
降雨强度/mm	1h	30	40	50	60	70
	3h	60	80	110	140	160
	6h	80	110	150	190	220
	24h	200	250	300	370	450
	赋分/分	3	5	7	9	12
地形坡度	坡度/(°)	<25	25~30	30~35	35~40	≥40
	赋分/分	0	2	4	6	8
松散层厚度	厚度/m	<1	1~2	2~3	3~4	≥4
	赋分/分	0	1	2	3	4
陡斜坡相对高差	相对高差/m	<50	50~100	100~200	200~300	≥300
	赋分/分	0	1	2	3	4
其他因素		人工弃渣	坡面改造	植被破坏	顺坡层理面	
	赋分/分	1~3	1~3	1~2	2~5	

表 4–14 泰顺县降雨阈值建议表 单位:mm

基本得分/分	降雨历时			
	1h	3h	6h	24h
≥17	30	60	80	200
14~16	40	80	110	250
11~13	50	110	150	300
8~10	60	140	190	370
<8	70	160	220	420

浙东南台风暴雨诱发型地质灾害的发生往往集中于暴雨来临初期的几个小时之内。因此,1h、3h 降雨阈值可作为浙东南台风暴雨诱发型地质灾害预报预警的主要参考依据。

综上所述,浙江省第十一地质大队通过多年的地质灾害防治实践和气象灾害风险统计分析,提出了县(市、区)级针对不同预警预报等级(黄色、橙色和红色预警)和针对不同地质灾害类型(滑坡、崩塌和泥石流)的降雨阈值建议值。这一做法得到了自然资源部的肯定,认为值得在全国进行推广。然而,关于浙东南地质灾害降雨阈值的确定,尽管有专家法、经验法、类比法及拟合法等多种研究方法,但由于气象风险影响因素复杂,降雨强度、历时对不同种类、不同规模、不同深度的地质灾害的影响是不同的,本章所提出的浙东南台风暴雨型降雨阈值建议值仍有待在今后的应用中予以验证和完善,且对于非台风降雨型地质灾害降雨阈值尚需进一步开展统计研究。

第五章

浙东南地质灾害风险管控体系

在浙东南地质灾害风险调查评价的基础上，为提高地质灾害风险管控效率，达到防灾减灾救灾的目的，地质灾害风险管控总体思路为针对浙东南地质灾害特点和防控难点，按照地质灾害风险等级、轻重缓急制定防治区划，提出一系列地质灾害风险管控措施和建议。浙江省第十一地质大队在多年地质灾害防治实践工作中，"政产学研"强势联动，在"主动防灾减灾、动态风险管控、系统减灾救灾"理念的引领下，形成了较为系统且行之有效的地质灾害风险管控体系。

第一节 浙东南地质灾害防治区划

为确定地质灾害防治重点，明确地质灾害防治工作任务，充分考虑社会发展规划，结合地质灾害可能造成的人员伤亡及经济损失等因素，根据地质灾害风险评价结果，温州市地质灾害风险管控区划共分为重点防治区、次重点防治区和一般防治区3个级别，根据分区结果分别采取不同的管控措施。

一、防治区划原则

地质灾害防治工作应坚持以下5项原则：

（1）以人为本，保障安全。坚持以人为本，以保障人民群众生命财产安全为地质灾害防治工作的根本目的，把受地质灾害威胁群众脱险、提供安全人居环境作为首要任务。

（2）风险管控，"整体智治"。坚持从隐患点管理向风险防控转变，全面摸清风险隐患"家底"，提升风险识别能力，着力提升地质灾害"整体智治"水平。

（3）全面规划，重点突出。根据温州市地质灾害特征和经济社会发展规划、城镇及开发区分布、重要建设工程布局、人类工程活动强度，全面部署地质灾害防治工作，分区域有重点、有计划地推动地质灾害风险管控工作。

（4）依靠科技，强化创新。加强新方法、新技术的应用，提高温州市地质灾害防治的科技含量和实效，提升地质灾害"整体智治"综合能力。

（5）完善机制，落实责任。加快完善地质灾害风险管控新机制，进一步落实基层责任，充分调动全社会的主动性和积极性，推动地质灾害防治体系建设。

二、防治区划方法

浙东南地质灾害防治区划按照《地质灾害风险调查评价技术要求(1∶50 000)》的相关要求,在风险评价和风险区划的基础上开展工作,综合考虑人口密度、社会经济财富集中、重要基础设施及国民经济发展的工程活动强烈区域和重要规划区等多种因素进行局部调整。其中,一般调查风险区划结果应作为国土空间规划的基础依据,原则上极高风险区不应开展大规模城镇和工程建设,应有序引导人口、经济向低风险区聚集;重点调查区应编制地质灾害防治区划图件,对风险等级为极高和高的区段,提出工程治理、避险搬迁、排危除险、监测预警等一种或多种风险管控建议;针对极高和高风险单体地质灾害应提出不同工况条件下工程治理措施、安全避让距离、避险搬迁范围、监测预警手段等综合风险管控对策。经过前期工作及后期调整,最终形成温州市地质灾害防治区划图。

三、防治区划成果

根据地质灾害风险评价结果,温州市地质灾害风险管控区划共分为重点防治区、次重点防治区和一般防治区 3 个级别,具体结果如图 5-1 和表 5-1 所示。

1. 重点防治区

重点防治区 20 个,面积共 1 536.83 km²,占全市陆域面积的 13.2%,主要位于乐清市智仁乡、大荆镇、湖雾镇、仙溪镇、龙西乡、雁荡镇、芙蓉镇、岭底乡,永嘉县岩坦镇、岩头镇、碧莲镇、鹤盛镇、金溪镇、桥头镇、桥下镇,鹿城区藤桥镇,瑞安市芳庄乡、湖岭镇、林川镇、高楼镇、平阳坑镇,平阳县腾蛟镇、怀溪镇、顺溪镇,苍南县桥墩镇、赤溪镇、炎亭镇,文成县大峃镇、黄坦镇、双桂乡、珊溪镇,泰顺县罗阳镇、彭溪镇等。现有地质灾害风险防范区 532 个,影响人数 15 689 人,影响财产 133 171 万元。区内人类工程活动主要为采石、切坡建房、修路等,改造地质环境的人类工程活动总体上较强烈。

2. 次重点防治区

次重点防治区位于乐清市湖雾镇、清江镇、虹桥镇、南岳镇、蒲岐镇,瓯海区泽雅镇,平阳县鳌江镇、水头镇,苍南县莒溪镇、桥墩镇、灵溪镇、矾山镇,泰顺县南蒲溪镇、雅阳镇、仕阳镇等,面积为 1 079.62 km²,占全市陆域面积的 9.3%。现有地质灾害风险防范区 256 处,影响人数 5965 人,影响财产 43 262 万元,区内人类工程活动主要为切坡建房、修路等,改造地质环境的人类工程活动总体上较为强烈。

3. 一般防治区

一般防治区在各个县(市、区)均有分布,面积共 8 996.06 km²,占全市陆域面积的 77.5%。现有地质灾害风险防范区 596 个,影响人数 14 437 人,影响财产 99 081 万元。区内人类工程活动主要为人口集中居住区、交通干线等,改造地质环境的人类工程活动总体上较强烈。

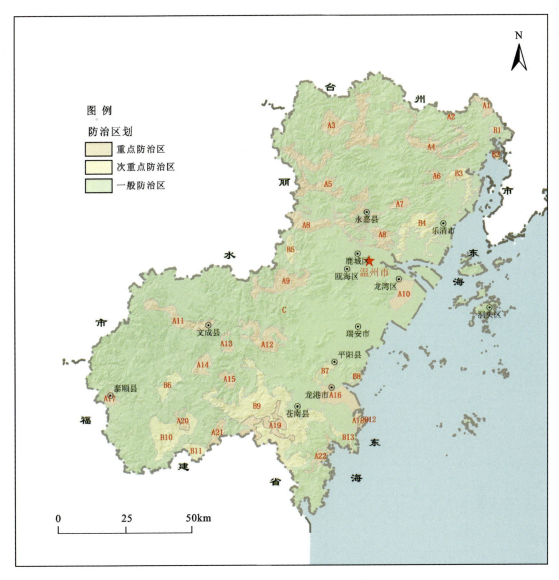

图 5-1　温州市地质灾害防治区划图

表 5-1　温州市地质灾害风险防治区划一览表

名称	分布面积/km²	面积占比/%	区号	面积/km²	风险防范区		
					数量/个	影响人数/人	影响财产/万元
重点防治区	1 536.83	13.2	A1	31.97	16	767	3820
			A2	6.91	13	263	995
			A3	177.29	39	1457	17 576

续表 5-1

名称	分布面积/km²	面积占比/%	区号	面积/km²	风险防范区 数量/个	风险防范区 影响人数/人	风险防范区 影响财产/万元
重点防治区	1 536.83	13.2	A4	125.09	75	2670	20 886
			A5	149.16	35	1680	8989
			A6	18.7	5	337	955
			A7	25.66	0	0	0
			A8	234.47	54	1169	22 234
			A9	111.02	33	850	7701
			A10	63.10	0	0	0
			A11	91.96	31	891	2493
			A12	105.26	63	1304	4827
			A13	20.60	13	799	4815
			A14	40.54	33	635	6260
			A15	26.10	9	153	887
			A16	90.72	0	0	0
			A17	19.95	14	309	12 410
			A18	11.93	6	152	1150
			A19	92.57	34	612	3286
			A20	19.12	30	1028	5603
			A21	35.96	5	147	5511
			A22	38.70	24	466	2773
次重点防治区	1 079.62	9.3	B1	11.77	2	89	120
			B2	9.16	3	36	565
			B3	69.47	10	116	850
			B4	145.59	34	853	3270
			B5	33.90	17	365	0
			B6	42.99	7	88	580
			B7	33.97	11	648	12 580
			B8	10.58	2	83	310
			B9	503.40	129	3183	19 091

续表 5-1

名称	分布面积/km²	面积占比/%	区号	面积/km²	风险防范区 数量/个	风险防范区 影响人数/人	风险防范区 影响财产/万元
次重点防治区	1079.62	9.3	B10	147.40	31	447	3800
			B11	38.54	4	17	66
			B12	7.68	1	26	130
			B13	25.17	5	14	50
一般防治区	8 996.06	77.5	C	8 996.06	596	14437	99 081

四、地质灾害风险管控思路

地质灾害风险性主要取决于危险性和易损性，只要将两个影响因素中的任何一个降低都可以有效降低地质灾害风险，如图 5-2 所示。采取的措施可总结为非工程措施和工程措施两大类，前者减少风险元素和降低承灾体的易损性，后者降低危险性，二者最终的结果均是降低风险，应根据实际情况采用合适的措施，以达到最优的效果。

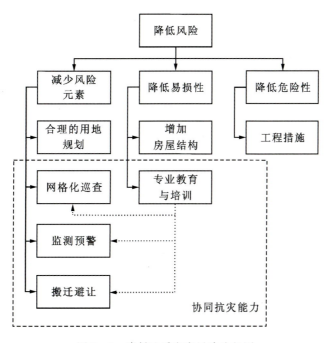

图 5-2 降低地质灾害风险途径图

1. 减少风险元素

强降雨时采取群测群防、网格化巡查手段,及时发现灾害隐患、撤离人员,减少人口承灾体的风险元素;合理规划乡镇用地,集中的居民点应规划在低风险地段,高、中风险区适宜规划单位经济价值较低的用地;针对重要的居民点和重大的地质灾害或隐患点,应选择合适的监测技术开展监测预警工作,在可能的灾害来临前及时撤离受威胁人员;采取搬迁避让措施使承灾体减少是最直接、最有效的一种手段。

2. 降低易损性

对中、高风险区住户开展地质灾害防治相关教育与培训,增强人员的防灾减灾意识,提高应对地质灾害的主动性和积极性,从而降低人员的易损性;提高建筑类承灾体的结构强度,降低经济类承灾体的易损性,有效地保护建筑内人员。

3. 降低危险性

对切(边)坡采取必要的支护措施,降低灾害发生概率。据统计资料,凡是存在挡墙的区段,发生地质灾害的概率均较低。因此,对于处于较危险状态的切(边)坡可以预先采取如挡墙支护等工程措施,做到以防为主。

降低风险的措施存在内在联系,应将防灾减灾作为一个系统工程来对待。例如,针对人员的地质灾害教育和培训,将促进网格化巡查、监测预警、搬迁避让工作的开展,进而提高协同抗灾能力。从该角度分析,地质灾害防治工作中,对受地质灾害威胁人员开展相关专业教育应居于中心地位,通过教育将提高这些人员应对地质灾害的能力,以及政府和受灾群众的协同能力,有效地降低损失,也必将有力地促进地质灾害防治工作的开展。

第二节　浙东南地质灾害风险管控体系

浙东南地质灾害风险管控体系以"主动防灾减灾、动态风险管控、系统减灾救灾"为防治理念("三理念"),提出了"规范化制度体系、精准化技术体系、常态化措施体系和全面化保障体系"地质灾害风险管控体系("四体系")。将早期识别和监测预警、风险区动态管理作为基石,用科技赋能、技术培训、科普宣传作为提升效率的抓手,引入保险新机制,构建了独具特色的浙东南地质灾害风险管控体系,实现了从地质灾害"隐患点"管控到"隐患点+风险防范区"双控再到"隐患点+区域风险防范区"联控的转变,从静态隐患管理向动态风险管控的转变("两转变")。浙东南地质灾害风险管控体系如图5-3所示。

第五章 浙东南地质灾害风险管控体系

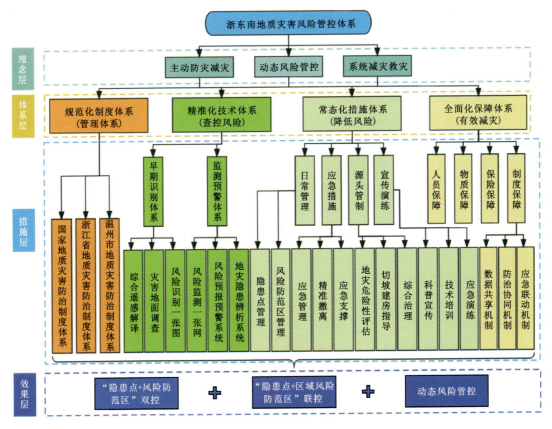

图 5-3 浙东南地质灾害风险管控体系示意图

一、规范化制度体系

(一)制度体系建立

在国家、浙江省的制度框架体系下,根据浙东南地质灾害特点、经济发展现状,温州市先后出台了《温州市地质灾害防治重点工作分工方案》《温州市地质灾害防治方案》《温州市突发地质灾害应急预案》等10余个文件,建立了以"隐患点+风险区"双控为核心,"一图一网、一单一码,科学防控、整体智治"为举措的地质灾害风险管控新机制,提出了"非台风暴雨期以隐患点防控为主、台风暴雨期以风险区防控为主"的具有浙东南特色的双控体系,构建出了与温州市经济社会发展相适应的地质灾害风险管控制度体系。

1. 国家地质灾害防治制度体系

面对日益严峻的地质灾害防治形势,为加强地质灾害防治与地质环境保护,党中央和国务院高度重视,坚强领导,相关政府部门紧密配合。2003年,颁布了《中华人民共和国地质灾害防治条例》,正式拉开了从法规层面治理地质灾害的序幕,确立了地质灾害防治的中心原则和工作理念。随后,2007年颁布了《中华人民共和国突发事件应对法》,2009年颁布了《中华人民共和国防震减灾法》,2010年下发了《关于进一步加强地质灾害防治工作的通知》,2011年出台了《关于加强地质灾害防治工作的决定》,国家对于地质灾害防治的制度体系逐步建立。

"十二五"时期,国家层面提出了建立地质灾害防治制度体系目标,力求大力加强地质灾害防治能力,落实群测群防体系,建立由群测群防员实施的雨前排查、雨中巡查和雨后复查的群测群防"三查"工作制度。"十三五"期间,国家层面发布各类地质灾害防治技术标准80余项,提出构建"群专结合"的地质灾害监测预警网络,完善专业监测队伍驻守制度。"十四五"期间,在地质灾害防治重点省份持续推行"隐患点＋风险区"双控,探索形成风险管控制度、责任体系和技术方法;完善"人防＋技防"地质灾害监测预警体系;建立完善地质灾害防治工作逐级负责制、省部联动机制、各部门间联动机制,健全应急指挥机构,完善运行机制。健全完善以地质灾害风险防控为主线的综合防治体系,最大限度防范和化解地质灾害风险。

2. 浙江省地质灾害防治制度体系

为响应国家地质灾害防灾减灾号召,保障人民群众生命健康和社会经济安全发展,浙江省自1998年以来,先后出台了《浙江省地质灾害防治管理办法》《浙江省地质灾害防治条例》等相关地质灾害防治制度体系建设文件,完善了地质灾害法规制度体系,开展了基层地质灾害防治体系建设。

"十二五"时期,浙江省印发了《浙江省贯彻落实国务院加强地质灾害防治工作决定的重点工作分工方案》,制定了《县(市、区)农村山区地质灾害调查评价技术要求》,发布了浙江省地方标准《地质灾害危险性评估规范》《浙江省地质灾害危险性评估报告质量评定标准》,出台了《浙江省地质灾害避让搬迁工作实施方案(2014—2017年)》《浙江省地质灾害避让搬迁特色示范点建设标准》,初步建立健全了地质灾害调查评价体系、监测预警体系、防治体系、应急体系。"十三五"时期,浙江省出台了《浙江省乡镇(街道)地质灾害风险调查评价技术要求(试行)》《浙江省地质灾害治理工程质量和安全生产管理办法》《浙江省地质灾害隐患点核销管理办法》,建立汛期地质灾害防治"五查30问"工作制度;出台《浙江省地质灾害防治地质队员"驻县进乡"行动实施方案》,构建基层系统防灾减灾体系,全面开展地质灾害千名地质队员"驻县进乡"行动。"十四五"时期,下发了《浙江省自然资源厅关于进一步规范全省地质灾害风险防范区管理的通知》,出台了《浙江省地质灾害应急与防治工作联席会议工作规则》,提出了建立由地质灾害易发区、地质灾害重点防治区、地质灾害风险防范区及地质灾害隐患点组成的"三区一点"管理制度(图5-4),构建分区分类分级的地质灾

图5-4 "三区一点"管理制度示意图

风险管理新体系。截至目前,浙江省地质灾害调查评价、监测预警、综合治理和应急处置四大防灾体系已全面建成,逐步形成"即时感知、科学决策、精准服务、高效运行、智能监管"的地质灾害防治新格局。

3. 温州市地质灾害防治制度体系

温州市在制度体系建设中,严格执行上级主管部门规定,并不断予以完善、细化。

"十二五"期间,温州市出台了《温州市地质灾害防治重点工作分工方案》《温州市突发地质灾害应急预案》,建立健全了地质灾害防治领导小组和管理机构与应急防治体系,建立了市级地质灾害气象风险预报(警)系统,完善了市级地质灾害应急指挥会商系统。

"十三五"时期,温州市建立评估成果查询和应用服务体系,建立建设工程项目地质灾害防治承诺机制;发布了《温州市突发地质灾害气象风险预报预警工作方案(2017—2020年)》,开展突发性地质灾害气象风险预报预警工作;按时印发年度《温州市地质灾害防治方案》及《温州市自然资源和规划局突发地质灾害应急响应方案》,健全地质灾害应急机制,提高地质灾害应急能力。围绕地质灾害防治从隐患管理向风险管控转变的目标,温州市初步构建了"六个一"地质灾害风险防控体系,即"风险一张图""研判一张表""管控一张单""指挥一平台""应急一指南""案例一个库",做到地质灾害隐患即查即治、地质灾害风险有效管控。

"十四五"期间,自然资源部专门发函要求浙江省开展地质灾害风险调查试点,开展地质灾害风险管理制度建设、方式方法研究、标准规范建立等实践,为全国提供示范。对于温州市,地质灾害风险防控的开展成为了新常态,构建科学双控新机制的需求迫在眉睫。2020—2022年,温州市地质灾害在"整体智治"三年行动中,构建了分区分类分级的地质灾害风险防控体系,地质灾害风险识别能力、监测能力、预警能力、防范能力、治理能力、管理能力得到有效提升。2023年,开展实施地质灾害"智控提能"三年行动,计划到2025年底,构建出全市地质灾害防治多手段风险识别、多层次监测预警、多方位应急处置、多形式综合治理、智能化数字管理和多维度管理创新的综合防治体系,做到地质灾害隐患即查即治及地质灾害风险有效管控。

浙江省第十一地质大队根据国家、浙江省地质灾害防治条例等规定,结合温州市国民经济和社会发展,参与编制了《浙江省温州市地质灾害防治"十二五"规划》《温州市地质灾害防治与地质环境保护"十三五"规划》《浙江省温州市地质灾害防治"十四五"规划》和《温州市突发地质灾害应急预案》。经过数十年的地质灾害风险管控实践,逐步形成了具有浙东南特色的地质灾害风险管控制度体系。

(二)"隐患点+风险防范区"双控防治体系

目前,全国地质灾害防治均在推行"隐患点+风险防范区"双控体系。该体系将地质灾害隐患点和风险防范区共同进行防治,即点、面结合的风险管控方法,简称"点面双控"。图5-5为"点面双控"防治体系示意图。

地质灾害隐患点指具有形成地质灾害条件的地质体。通过调查、监测和分析评价，推断可能会发生地质灾害的地点或区段，即确定致灾体的空间位置。地质灾害隐患点在降雨等因素作用下一旦发生变形破坏，在隐患点的周边，特别是前缘、途经区域，威胁人身安全，造成构建筑物和生态环境破坏。为最大限度减小灾害损失、构筑地质安全保障，应在事前主动地在受灾范围内的区域设置风险防范区。风险防范区是指对地质灾害风险中等及以上级别风险区进行管理的特定区域，管理对象包含导致灾害发生的地质体，即致灾体，同时也包括承受灾害的人员，建筑，道路等国家人民财产，即承灾体。简言之，将致灾体范围和承灾体范围统一圈定为地质灾害风险防范区。

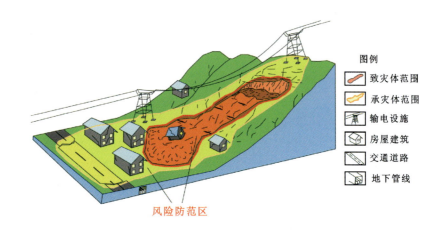

图 5-5 "点面双控"防治体系示意图

地质灾害隐患点和地质灾害风险防范区就管控范围、管控方式及管控目标等方面有较大不同，具体如表 5-2 所示。对于地质灾害如何实施隐患点和风险防范区的管控，直接影响所需投入的人力、物力以及管控效果。

表 5-2 隐患点与风险防范区的区别

	隐患点	风险防范区
管理范围	点或区段	特定区域
表现特征	有变形迹象或者灾情险情	无迹象但存在风险
评价等级	稳定性评价（欠稳定、不稳定）	风险评价（极高、高、中、低）
管理分类	特大、大、中、小	重点、次重点、一般
管控措施	搬迁避让、工程治理、专业监测	多元化手段
管控目标	隐患点必须核销完成	降低风险

(三)"隐患点+区域风险防范区"联控防治体系

浙江省第十一地质大队在多年的地质灾害防治实践中,针对浙东南地质灾害突发性、群发性和小灾大害的特点,形成了具有地方特色的防治体系。在非台风暴雨期,采用"点面双控"防治体系是行之有效的,但在台风暴雨期的暴雨中心,则形成了独具特色的"隐患点+区域风险防范区"联控防治体系。图5-6为浙东南地区台风暴雨期"点区联控"防治体系示意图。

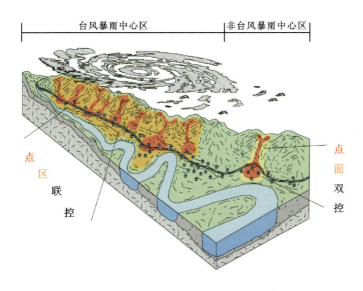

图5-6 浙东南地区台风暴雨期"点区联控"防治体系示意图

"隐患点+区域风险防范区"联控防治体系,简称"点区联控",是指在台风暴雨期对台风暴雨中心区域或流域范围的致灾体、承灾体进行风险管理。多年来的实践表明,在台风暴雨中心采用常规的"点面双控"的管控区域是不够的,教训是惨痛的。究其原因,是因为在台风暴雨中心区,由于降雨强度极高,发生滑坡、崩塌、泥石流的相对概率大、规模大、危害大、隐蔽性强,容易发生群发性地质灾害,尤其是发生沟谷型泥石流和坡面型泥石流。新生地质灾害多,仅在已知隐患点采用"点面双控"不能有效管控暴雨中心或流域的地质灾害风险,会遗漏对诸多新生地质灾害点的风险管控。

浙东南形成的在非台风暴雨期和台风暴雨期的暴雨中心之外采用"点区联控"、在台风暴雨期的暴雨中心采用"点区联控"的防治体系,在地质灾害风险管控中取得了良好的应用效果。例如,2016年9月15日,"莫兰蒂"台风触发了泰顺县群发性泥石流,仅在已知隐患点和传统的风险区划定范围进行管控是远远不够的,必须进行区域上、流域上的风险管控。其中,温州市根据该地灾害发生特点,在泰顺县划定了大范围的风险防范区(图5-7),并采取了多种举措加强区域上的风险管控,台风暴雨来临时更是强化了管控,当发生了大范围、大规模的泥石流灾害时,没有造成人员伤亡。

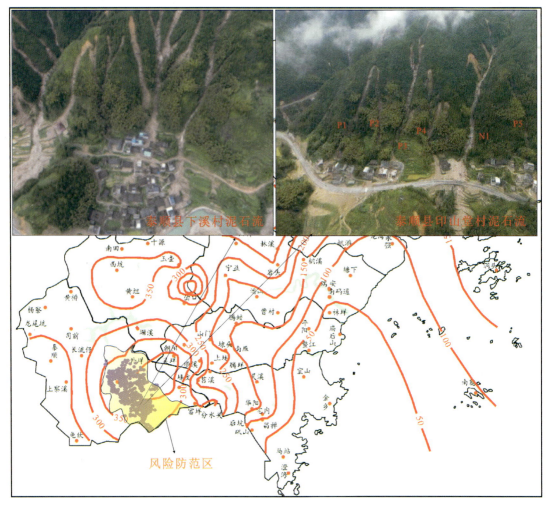

图 5-7 温州市泰顺县台风暴雨期地质灾害风险防范区

二、精准化技术体系

(一)早期识别体系

1. 隐患早期识别方法

浙东南地区全力开展地质灾害隐患早期识别行动,扎实开展基础理论与技术研究,依托"天上查、空中看、地面核"的方式,形成了天-空-地一体化的地质灾害早期识别体系。

对于综合遥感在地质灾害隐患排查,有关突发性地质灾害采取如下手段:

(1)利用多年光学遥感影像,通过处理探明人类活动区域。

(2)利用地形,绘制坡度图。

(3)利用土地第三次调查数据,根据植被属性、土壤类型、厚度,结合已有地质灾害点,总结植被与地质灾害相关性。

(4)结合浙东南地层、构造、岩浆岩、岩性等特征,综合研判。

对于综合遥感在地质灾害隐患排查,有关重大地质灾害隐患采取如下手段:

(1)利用 InSAR(合成孔径雷达干涉测量)技术,发现地表正在发生缓慢形变的区域。

(2)利用光学遥感影像,反映灾害发育的部分外貌形态特征,同时反映地质环境和承灾体的部分背景信息。

(3)机载 LiDAR(雷达)DEM(高程)地形数据,可以刻画一些灾害的形态与痕迹。

(4)结合浙东南地层、构造、岩浆岩、岩性等特征,综合研判。

地面调查则可分为巡查和核查两个部分。巡查是指在汛期、强降雨、地质灾害高风险区域、地质灾害隐患点等具有高风险的时期或地点,由群防群测员及驻县进乡地质队员展开巡查,如发现变形迹象及时上报,安排人员撤离;核查则是根据前期"天""空"卫星遥感及无人机影像成果,辨识可能存在地质灾害的地点或区域,由相关人员前往核查,判断是否存在地质灾害隐患及变形迹象。

2. 温州市地质灾害早期识别结果

为摸清地质灾害隐患底数,有效降低地质灾害风险,温州市每年开展地质灾害隐患调查及早期识别工作。2022 年 8 月,在前期风险隐患排查基础上,开展了第 8 轮拉网式、地毯式排查整治。在本次排查中,共排查点数 3109 处,共发现问题点数 389 个,建议新增地质灾害隐患点 1 处,建议新增风险防范区 231 处,如表 5-3 所示。

表 5-3 2022 年 8 月温州市地质灾害再排查成果汇总表

排查对象	遥感解译/处	重点村(社区)/个	在建大型及线性工程/处	历史地质灾害综合治理项目/个	其他排查点/个	合计/处
排查点数	319	253	107	1025	1405	3109
发现问题点数	52	53	26	31	227	389
建议新增隐患点	0	0	0	0	1	1
建议新增风险防范区数	33	40	1	10	147	231

本次排查应用了综合遥感解译风险隐患新技术,以快速识别人类工程活动对地质环境的破坏点、已发生地质灾害点或已采取治理点,为高效和找盲排查提供了便利条件。基于 2014—2021 年遥感影像的前后光学影像变化和高程变化叠加,先使用机器自动识别图斑,再使用人工识别图斑类型、原因,判断是否具有威胁对象等,筛选可能存在问题的疑似点,最后交由野外调查组现场验证。本次共解译 340 处,野外排查 319 处,排查出问题点 52 个,建议新增风险防范区 33 个。使用综合遥感解译风险隐患新技术大幅度拓宽了排查覆盖面,为排查重大风险隐患提供了工作经验,为下一步的技术发展和应用前景提供了方向。

3. 风险识别"一张图"

随着人类工程活动加剧,极端天气情况增多,仅对已知的隐患点开展地质灾害防控已不能满足风险管控的需求,需要转向面向地质灾害隐患点和风险防范区相互结合管控的"点面结合,点面双控"的新管理模式,而地质灾害风险识别"一张图"是新管理模式的重要基础。

风险识别"一张图"主要由地质灾害风险要素、防灾避险要素、地理底图要素、注记要素和遥感影像等组成,编制时充分利用历年地质灾害调查、排查、勘查等资料,并根据地质灾害调查结果,进行定性、定量分析和评价,圈定地质灾害风险防范区。浙东南积极实施地质灾害风险调查工程,按照全省地质灾害风险"一张图"编制技术要求,已初步形成风险识别"一张图"。浙江全省陆域面积 $10.55 \times 10^4 \, km^2$,突发性地质灾害易发区面积 $7.71 \times 10^4 \, km^2$,占 73.0%。其中,浙东南突发性地质灾害易发区面积 $1.02 \times 10^4 \, km^2$,占市域面积的 88.2%。截至目前,温州市区已确定地质灾害重点风险防范区近 532 处,影响范围内涉及影响人数 15 689 人,影响财产 13 3171 万元,所有重点风险防范区均按照"一图一表"的要求上图入库。

以温州市鹿城区为例,鹿城区地质灾害风险"一张图"分全区总图和风险防范区分图两个层次,如图 5-8 所示。鹿城区地质灾害风险防范区总计 40 个,其中 21 个重点防范区、19 一般防范区,影响人口 85 户 861 人,影响财产 15 003 万元。鹿城区地质灾害风险防范区主要分布于 8 个镇、街道,其中山福镇 17 处,藤桥镇 12 处,丰门街道 5 处,广化街道 2 处,南汇街道、南郊街道、五马街道和滨江街道各 1 处,具体如表 5-4 所示。

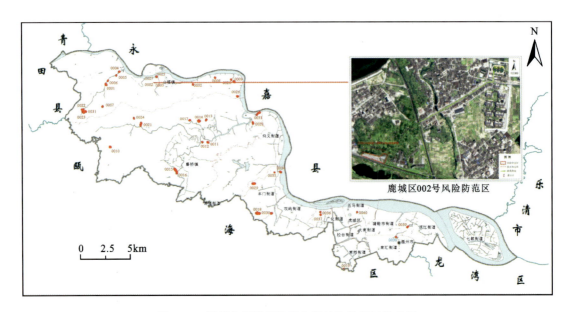

图 5-8 温州市鹿城区地质灾害风险防范区分布图

图 5-8 中 002 号风险防范区为温州市鹿城区山福镇下湾村 330 国道下湾停车场处崩塌隐患风险防范区(图 5-9),属于重点防范区。停车场北侧与山体交界处因人类工程活动,存在危岩体、崩塌隐患,危及下方停车场内所有居民及车辆、房屋安全,共影响居民 2 户 8

人,威胁财产约 100 万元。浙江省第十一地质大队承担了鹿城区地质灾害风险识别"一张图"工作,为该风险防范区划定风险范围,圈定灾害边界,设立紧急撤离路线(沿着东南向公路至临江小学安置点进行避险),为该停车场居民提供了相应的灾害应急措施,保障生命财产安全。

表 5-4　温州市鹿城区地质灾害风险防范区统计表

镇、街道	重点风险防范区/处	一般风险防范区/处	影响户数/户	影响人数/人	影响财产/万元
山福镇	9	8	120	439	7300
藤桥镇	8	4	51	309	3264
丰门街道	3	2	1	396	9874
广化街道	0	2	0	0	105
南汇街道	0	1	0	0	50
南郊街道	1	0	0	2	80
五马街道	0	1	6	20	200
滨江街道	0	1	0	0	5
总计	21	19	178	1166	20 878

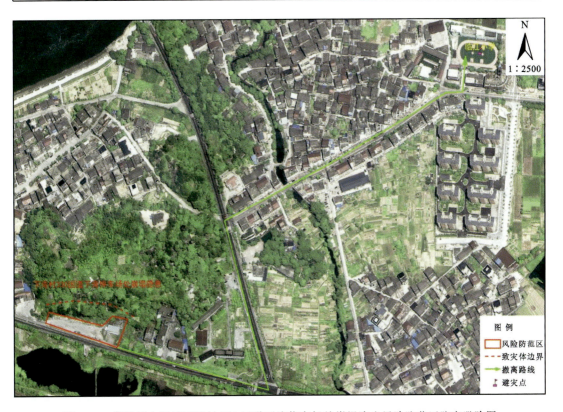

图 5-9　鹿城区山福镇下湾村 330 国道下湾停车场处崩塌隐患风险防范区防灾避险图

(二)监测预警体系

1. 风险监测"一张网"

浙东南地质灾害风险监测预警经过近几年的发展,专业监测预警逐步由人工监测向自动化监测转变,由单一要素监测向多要素监测转变,由单一报警向综合分析预警转变。

温州市实施的"多方法、多因素、自动化监测"地质灾害专业监测网建设工程,对影响人数较多的地质灾害高风险区和重点隐患点,安装专业监测仪器,实时监测位移、土壤含水量、应力等要素,对风险较高的地质灾害隐患点及风险防范区实施的主要监测要素及仪器有位移(全站仪、GPS监测仪、激光测距仪、深部位移计、裂缝监测仪、泥位计、雷达测距仪等)、倾斜(地表倾斜计、深层测斜仪)、地下水(水位计、水温计、含水率仪)、地表水(流量计),以及其他要素(雨量计、地应力计、地声仪、次声仪等),已初步形成风险监测"一张网",如图5-10所示。

图 5-10 浙东南地质灾害风险监测"一张网"

截至2023年,温州市共建设地质灾害监测点840个,共有监测设备4329套。其中,GNSS基站127套、地表位移监测设备308套、泥水位监测设备225套、倾角加速度监测设备1406套、二轴倾角监测设备77套、裂缝计12套、土壤含水率监测设备450套、视频监测设备132套、雨量计740套、预警喇叭842套、深部位移监测设备6套、地下水位监测设备4套。

2. 风险预报预警

预报预警是指在地质灾害精细化调查基础上,研究评价地质灾害的潜在危险和风险水平,结合降雨预报研判区域地质灾害风险等级,发布预报信息。根据实时监测数据与阈值对地质灾害风险防范区发布风险预警。

温州市以地质灾害精细化调查数据库为基础,运用地质灾害气象风险预报(警)发布系统(图5-11)发布地质灾害气象风险预报"五色图"和风险研判单,并按照风险阈值发布不同地质灾害风险防范区预警信息和风险提示单,提示地质灾害可能发生的区域、时间和影响范围,及时提醒应急部门和各乡镇(街道)做好地质灾害防范工作。

图5-11 温州市地质灾害气象风险预报(警)发布系统

温州市地质灾害预报预警具体工作流程可分为等级预报工作、实时预警工作和专业监测预警工作,具体流程如下。

1)等级预报工作流程

(1)数据采集。按照气象预报雨量、气象实况雨量、水文实况雨量综合考虑,在市级地质灾害风险等级预报系统中,发布常规预警(24h)及短时预报(3~6h)。

(2)成果发布。若有黄色及以上预报区,则准确及时地通过电视网络、手机短信、"地灾智防"APP、国突网及相关平台进行预报成果发布。

(3)闭环管理。对黄色预报等级(即风险较高的区域),启动预警响应(省、市、县3级),实施值班值守(省、市、县3级),开展驻县进乡(县级)行动;对橙色预报等级(即风险为高的区域），在黄色预报等级的基础上，加强短时预警（省、市、县 3 级，图 5－12）；对红色预报等级（即风险很高的区域），在橙色预报等级的基础上，发布地质灾害风险提示单（省、市、县 3 级，图 5－13），复核统计撤离人数（县级）。

短时临近预报

温州市气象台　　2023年07月30日09时04分发布

预计未来3小时，我市阴有阵雨局部暴雨

一、预报雨量

1. 预计未来3小时雨量：15～25mm
2. 预计雨量预报(单位：mm)：
龙港市 25～50　平阳县 25～50　苍南县 25～50　瑞安市 15～25　乐清市 15～25
龙湾区 15～25　瓯海区 10～15　文成县 10～15　永嘉县 10～15　泰顺县 10～15
鹿城区 5～10　洞头区 5～10
3. 预计3小时乡镇(街道)雨量最大前10名(单位：mm)
瑞安市南滨街道 50～75　瑞安市东山街道 50～75　平阳县海西镇 50～75
瑞安市飞云街道 50～75　平阳县鳌江镇 50～75　平阳县万全镇 50～75
瑞安市上望街道 50～75　龙港市新城 50～75　龙港市芦浦 50～75
龙港市舥艚 50～75

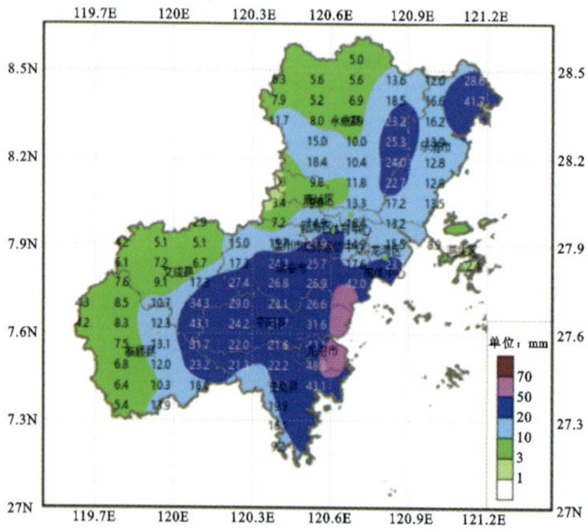

图 5－12　温州市短时预警

地质灾害风险提示单

（2023年07月28日08时）

发送单位：温州市地质灾害应急与防治联席会议灾害防治办公室 签发：瞿自杰
发往单位：各县(市、区)地质灾害应急与防治联席会议灾害防治办公室

根据市气象部门台风路径预测及会商研判，我市未来24小时因5号台风“杜苏芮”引发的强降雨，局部地质灾害风险很高，特提出以下风险提示单，请提前落实相关管控措施。

区县	风险点	管控措施	责任部门
各县(市、区)	1. 地质灾害隐患点、地质灾害风险防范区、农村切坡建房点、地质灾害治理工程及在建治理工程项目	1. 各地要加强对隐患点、风险防范区、切坡建房点、治理工程点排查巡查； 2. 暂停在建地质灾害治理工程； 3. 红色地质灾害风险防范区内的受威胁人员、从事生产经营、施工人员和受影响的老弱病残人员，做好撤离工作，橙色预警区内做好撤离准备	自然资源部门、应急管理部门、乡镇(街道)
	2. 坡脚、崖边和小流域沟口等50m范围人口集中区，特别是学校、幼儿园、集市等	1. 加强对山边、崖边、沟边的人口集中区、学校、幼儿园、集市等进行排查巡查，落实防范措施； 2. 对无法判定风险情况的，提前转移撤离人员	教育部门、市场监管部门、应急管理部门、乡镇(街道)
	3. 山区公路切坡地段、水库周边公路及岸坡	1. 加强对山区公路切坡路段、水库山塘周边岸坡、公路的巡查、落实防范措施； 2. 对可能存在风险地段，采取道路管控措施	交通部门、水利部门、乡镇(街道)
	4. 山区在建施工工地、工棚、养殖棚等临时驻地	1. 暂停山区在建施工工地； 2. 提前撤离工棚、养殖棚等临时驻地施工及工棚人中	建设部门、农业部门、乡镇(街道)

附件1：地质灾害预警响应单
附件2：地质灾害重点风险管控清单

抄送：市人民政府防汛防台抗旱指挥部

图 5－13　温州市地质灾害风险提示单

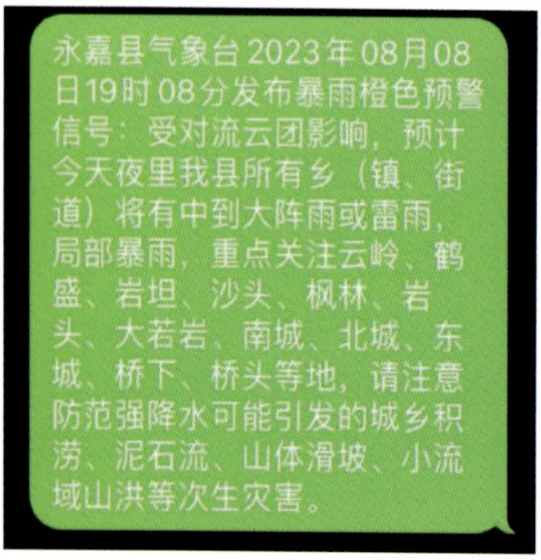

图 5－14　手机预警短信

（4）迭代模型，事后对灾情险情进行上报，对预报的成果进行验证测试，从而更新预报模型。

2）实时预警工作流程

（1）数据采集。对于风险防范区，按照气象预报雨量、气象实况雨量、水文实况雨量综合考虑，在地质灾害风险实时预警系统（降雨阈值）中，发布预警成果。

（2）成果发布。通过相应平台及“地灾智防”APP 发布相应预警信息，如果有红色预警，则还将通过手机短信告知，如图 5－14 所示。

（3）闭环管理。对黄色预警等级，由群防群测网格员开启巡查排查；对橙色预警等级，在黄色预报等级的基础上，由群防群测网格员加密巡查排查、做好撤离准备（县级）；对红色预警等级，则在橙色预警等级的基础上，迅速组织人员撤离（县级）、发布地质灾害重点风险管控清单（省、市、县3级，图5-15）、复核统计撤离人数（县级）。

地质灾害重点风险管控清单

预报预警时间：2023年07月28日08时—29日08时

序号	县(市、区)	风险类型	风险区数量/个	存在风险		管控要求(28日16时前)	责任单位	备注
				影响户籍人口/人	影响常住人口/人			
1	瓯海区	红色风险防范区	36	1068	235	加强巡查排查，密切关注降雨和地质灾害预报预警情况。停止户外作业，在规定时间内撤离受威胁居民	瓯海区自然资源和规划分局、应急管理局、各乡镇（街道）	按照"六问"制度开展抽查
2	瑞安市	红色风险防范区	76	1575	463	加强巡查排查，密切关注降雨和地质灾害预报预警情况。停止户外作业，在规定时间内撤离受威胁居民	瑞安市自然资源和规划分局、应急管理局、各乡镇（街道）	按照"六问"制度开展抽查
3	瓯海区	橙色风险防范区	37	437	65	加强巡查排查，密切关注降雨和地质灾害预报预警情况。停止户外作业，做好受地灾威胁居民撤离准备	瓯海区自然资源和规划分局、应急管理局、各乡镇（街道）	按照"六问"制度开展抽查
4	瑞安市	橙色风险防范区	89	1189	476	加强巡查排查，密切关注降雨和地质灾害预报预警情况。停止户外作业，做好受地灾威胁居民撤离准备	瑞安市自然资源和规划分局、应急管理局、各乡镇（街道）	按照"六问"制度开展抽查
5	瓯海区	黄色风险防范区	12	35	31	加强巡查排查，密切关注降雨和地质灾害预报预警情况。减少户外出行，落实地质灾害防灾措施	瓯海区自然资源和规划分局、应急管理局、各乡镇（街道）	按照"六问"制度开展抽查
6	瑞安市	黄色风险防范区	11	15	10	加强巡查排查，密切关注降雨和地质灾害预报预警情况。减少户外出行，落实地质灾害防灾措施	瑞安市自然资源和规划分局、应急管理局、各乡镇（街道）	按照"六问"制度开展抽查

图5-15 地质灾害重点风险管控清单

(4)迭代模型。事后对预警工作流程中存在的问题进行现场核查确定，对灾（险）情进行上报，对预警成果进行验证测试，从而更新预警模型。

3）专业监测预警工作流程

(1)数据采集。对于风险防范区、隐患点，浙东南风险监测"一张网"构成的地质灾害专业监测预警系统，实时对风险防范区及隐患点进行监测，如有异常则及时报警。

(2)信号验证。如出现异常信号，县级自然资源部门及维护人员前往现场核查，在APP系统上报处理结果。如果出现报警信号，则由群测群防网格员、乡镇负责人、驻县进乡技术人员前往现场进行核查。

(3)闭环管理、迭代模型。对监测设备报警信息核实后,如果没有问题,由县级部门对现场情况进行反馈,后续对相应监测设备进行运维处理;如果报警信息属实,存在相应危险,应由县级相关部门及时撤离影响人员,并及时反馈撤离情况及后续处置措施,最终上报灾(险)情,对监测数据进行分析验证,进而优化监测预警模型。

3. 地质灾害隐患视觉辨析系统

1)系统简介

为打通地灾智防"最后一公里",浙东南第十一地质大队联合中国电信温州分公司对现有监测设备(图5-16、图5-17)开展进一步的升级,开发地质灾害隐患视觉辨析系统(图5-18)。该系统利用成熟的智能探头,依托"AI视觉传感器矩阵和人工智能算法"设备技术,构建起"日常科研监测+汛期预判预警"的人工智能远程实时态势管控新模式,并与"地灾智防"APP平台连通,打造"赋码链图、多维检测、实时捕捉、智能分析、双向预警"的地质灾害隐患点全生命周期管控数字应用场景,最大限度降低管控的人力物力投入,最高精度提升预判预警的准确性。

图5-16　自动化监测设备系统　　　　图5-17　全景广角智能探头

2)系统技术路径

地质灾害隐患视觉辨析系统结合地灾防治"三单四图"数据("三单"指防汛地灾工作责任清单、工作任务清单和督导清单,"四图"指3h紧急预警响应流程图、24h橙色红色预警响应流程图、24h蓝色黄色预警响应流程图和极端情况处置预案流程图),通过无人机倾斜摄影技术,建立基于点云的隐患区全属性三维实景态势图,方便管控决策者、技术人员和群测群防员随时随地、直观全面掌握隐患区内的实际情况。

在隐患点布设全景智能探头,制定科学布点规划,如裸露山体采用三角布点法(图5-19),实现全方位覆盖;又如冲击沟路径采用时序布点法(图5-20),为避灾争取最后"一分钟",形成人员误闯预警的"电子围栏"。

第五章 浙东南地质灾害风险管控体系

图 5-18 地质灾害隐患视觉辨析系统

图 5-19 裸露山体采用三角布点法

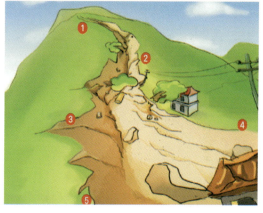

图 5-20 冲击沟路径采用时序布点法

该系统通过 AI 智能算法(图 5-21),动态分析智能探头捕捉到的隐患点多角度时序画面,对隐患点危岩滚落、土层移动、水位暴涨、人员入侵等危险因素,开展智能监测判读,实时预警,并综合反映到隐患区全属性三维实景态势图中,便于精准决策和应急除险。

3)灾害预警流程

(1)设置预警状态。首先获取该地区天气预报,再通过接口获取现有雨量计数据,然后对比该地区雨量阈值,将状态改为开启预警、关闭预警两种状态。

(2)发送预警消息。①APP 发送:优先发送管理人员绑定的消息模板,含异常图片的内容和有效范围,同时发送短信提醒。发送时间范围、发送频率可以根据实际情况设置,且支持对接浙江"地灾智防"APP 接口,推送消息到具体的管理员(图 5-22)。②广播预警:实现

117

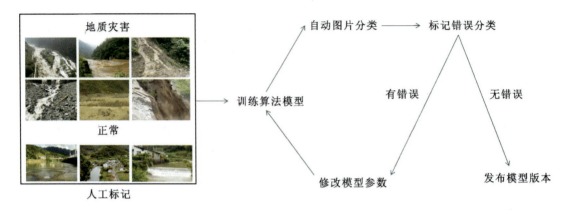

图 5-21　AI 智能算法流程图

多份模板录制。例如发现异常后的自动驱离广播、发现自动驱离无效后的人员手动触发广播。不仅如此,广播内容将分别录制为普通话版本和本地方言版本,使得广大乡镇居民更易听懂,更迅速采取相应措施以保障生命财产安全。

图 5-22　集成浙江"地灾智防"APP 推送消息通知和任务模块

(3)任务处理。绑定移动端的管理员可以在手机端直接接收到异常情况的消息。消息内容包含发生时间、摄像头位置、具体图片、有效范围等数据,点击"任务"后,将直接看到当前摄像头的画面。如果相关受威胁人群已经撤离,则直接点击"任务完成"即可,如果不点击,系统发现撤离完成后也会自动完成任务。如果仍未撤离,管理人员可以手动触发广播进行驱离。

4) 应用成效

乐清市为地质灾害隐患视觉辨析系统首个试点,目前于龙西乡和仙溪镇的21个风险防范区部署了50套该系统,总预算为105万元,于2023年12月投入使用。

地质灾害隐患视觉辨析系统工作周期短、见效快、经济可行,不仅有效降低了地质灾害基层日常防治人力、物力的消耗,更提升了守护群众生命安全的精准度。

三、常态化措施体系

(一)日常管理

1. 隐患点日常管理

浙东南地质灾害隐患点在日常管理工作中分为隐患点认定、系统录入、即查即治、综合治理、竣工验收、隐患点核销6个部分,如图5-23所示。

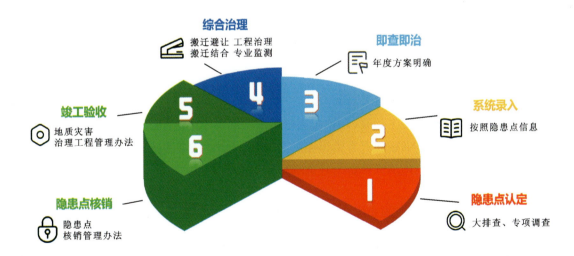

图5-23 地质灾害隐患点管理流程图

(1)在大排查、专项调查等过程中,某处地质体或区域被专业技术单位认定为存在隐患,定为地质灾害隐患点。

(2)县级自然资源部门按照隐患信息将地质灾害隐患点录入系统。根据《浙江省地质灾害防治条例》的规定,县级以上自然资源部门应当会同同级建设、规划、交通运输、水利等部门,组织开展本行政区域内的地质灾害调查,划定地质灾害易发区,确定地质灾害隐患点,并完成隐患点录入工作,如图5-24所示。

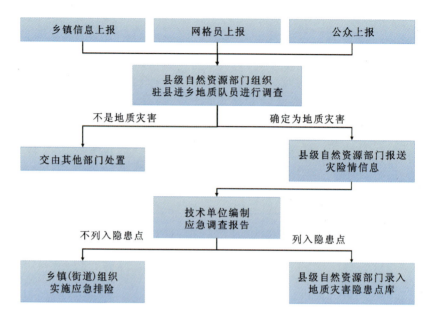

图 5-24　地质灾害隐患点录入流程图

(3) 地质灾害隐患点信息查明后,将其纳入本年度计划,实现地质灾害隐患点"即查即治"。

(4) 乡镇或相关部门对地质灾害隐患点进行实时综合治理,具体措施包括受灾群众搬迁避让、地质灾害致灾体工程治理、搬迁避让与工作治理结合的综合治理方式。

(5) 对已进行综合治理的地质灾害隐患点,按照地质灾害治理工程管理方法进行组织交工,由相关技术人员进行竣工验收,对综合治理工程成果进行检验。

(6) 隐患点核销则是在地质灾害隐患点录入完成后,由相关技术人员对隐患点详情进行评价,若其对影响范围内的承灾体已不具备威胁或承灾体已经搬离,按照隐患点核销管理方法进行核销。

截至 2023 年,在浙江省地质灾害信息管理系统中,浙东南在录的地质灾害隐患点共有 1719 处(包含已核销的隐患点)。其中,采取搬迁避让措施的地质灾害隐患点共有 697 处,采取工程治理措施的地质灾害隐患点共有 794 处,搬迁避让与工程治理综合治理的地质灾害隐患点共有 135 处,采取专业监测措施的地质灾害隐患点共有 100 处。地质灾害信息管理系统如图 5-25 所示。

2. 风险防范区日常管理

浙东南根据浙江省自然资源厅文件《浙江省自然资源厅关于进一步规范全省地质灾害风险防范区管理的通知》〔2021〕5 号的要求,按照管理状态和管理手段将地质灾害风险防范区分为日常管理、应急管理、源头管理 3 个部分,并将地质灾害数字化管理融入这 3 个部分中。其中,日常管理包括风险防范区划定更新、责任落实、设立标识、实施监测 4 个方面内容,如图 5-26 所示。

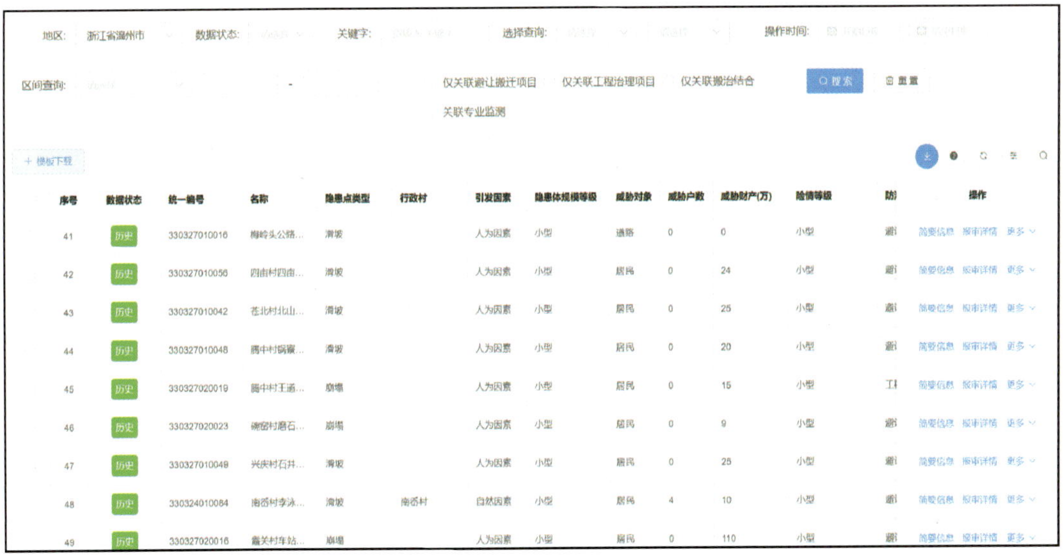

图 5-25 地质灾害信息管理系统

图 5-26 风险防范区日常管理

1) 地质灾害风险防范区划定更新

温州市通过地质灾害精细化管理系统，对地质环境条件发生改变导致某个区域新增为风险防范区域，承灾体、致灾体等相关因素发生变化需要重新划定范围或核减的地质灾害风险防范区，重新进行风险评估，根据评估结果动态调整风险级别。在具体工作开展中可分为新增、调整、核减三大流程，具体流程如下。

(1) 新增风险防范区。在乡镇（街道）风险调查评价、县域风险普查、切坡建房调查、专业单位排查及其他调查或报告中发现有风险程度较高，疑似可划分为风险防范区的区域，须由相关部门联系技术单位，对具体区域展开技术确认，按照"五步法"划分风险防范区，再由县级自然资源部门确认后，建立标识系统，并将责任落实到县、乡镇（街道）、自然资源所、网格员4个级别的责任承担方身上,在线上进行阈值赋值,并更新相关风险防范"一张图"。

(2)调整风险防范区。在乡镇(街道)风险调查评价、县域风险普查、切坡建房调查、专业单位排查及其他调查或报告中发现有承灾体、致灾体、避险路线、避灾场所、风险等级等相关因素发生变化的地质灾害风险防范区,经由相关技术单位确定,明确风险防范区域调整内容,根据相应内容,按照"五步法"重新划定风险防范区,将相应成果交由县级自然资源部门确认。县级自然资源部门确认后,调整标识系统,并更新地质灾害系统风险防范区信息,对降雨阈值也需要进行重新赋值的调整对象,重新为其赋值,并更新地质灾害风险防范"一张图"。

(3)核减风险防范区。在乡镇(街道)风险调查评价、县域风险普查、切坡建房调查、专业单位排查及其他调查或报告中发现有评价结果为低或承灾体消失等相应情况的风险防范区,在经由相关技术单位确认后,明确风险防范区的核减原因,交由县级自然资源部门确认,上报县级人民政府核减。如果县级人民政府没有同意核减,则该风险防范区为不可核减点;若县级人民政府同意核减,则由县级自然资源部门上传县级人民政府同意核减盖章件,在线上交由市级自然资源部门核验上报材料和地质灾害系统的一致性,如果不一致,则退回,由县级自然资源部门重新核定;若一致,则转入地质灾害系统历史库,完成核减。

2)落实地质灾害风险防范区管理责任人

根据《中华人民共和国地质灾害防治条例》第十五条及《浙江省地质灾害防治条例》第十四条关于地质灾害易发区群测群防工作和防范管理的相关要求,浙东南将地质灾害风险防范区管理纳入基层治理"四个平台",分为县级、乡级、村级3个级别,实行全域网格化管理,建立"网格指导员—网格长—网格员"基层三级管理制度。网格指导员一般由驻村干部担任,网格长由村两委担任,网格员由村委、生产组长或群众担任(图5-27)。明确网格内地质灾害防范的责任人和具体事务,并开展对责任人的业务知识培训,指导做好地质灾害风险防范区巡查工作。

3)设立地质灾害风险防范区标识

按照"一区一牌""一户一卡"的要求,在比较醒目的位置设立地质灾害风险防范区标识牌(图5-28),指导发放防灾避险明白卡(图5-29)。标识牌和明白卡载明风险防范区的范围、预警信号、人员撤离路线、避灾安置场所、应急联系方式等信息。同时,标识牌上附有地质灾害风险码,码中集成地质灾害风险防范区基本信息、监测预警信息、防灾责任人和网格员信息等,平时提示地质灾害风险,战时根据地质灾害风险、预警结果实时提示红色、橙色、黄色、绿色等预警等级,可实现地质灾害风险防范区的"一码管灾"。

温州市对市域范围内各县(市、区)新发生的地质灾害灾情险情、地质灾害隐患点、地质灾害风险防范区、地质灾害治理工程项目、地质灾害避让搬迁项目、专业监测点及仪器设备,以及地质灾害危险区、威胁(影响)区等标识对象均设置有相应的标识牌。标识牌实行动态管理,时刻落实标识牌建设责任单位和管护责任人,将已设立的标识牌纳入地质灾害汛前、汛中、汛后巡排查和日常巡查工作内容,发现标识牌失稳、损坏、内容变化或标识对象存在发生重大变化等情况,将督促责任单位及时组织加固、修复、更换或移除,对尚未设立标识牌的,将逐步及时安装相应标识牌。

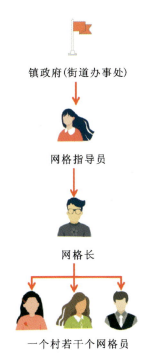

图 5-27 网格员责任划分图

图 5-28 地质灾害风险防范区标识牌　　图 5-29 防灾避险明白卡

4）实施地质灾害风险防范区监测

浙东南按照"群专结合"的要求，在日常管理中开展群测群防与专业监测相结合的地质灾害风险防范区监测手段。群测群防员在日常巡查（图 5-30）中，主动探查风险防范区、治理工程、隐患点切坡建房欠稳定与不稳定房屋和聚集区等人员集中地区是否存在隐患问题。同时，浙东南广泛推广应用经济实用、性能可靠的普适型专业监测设备（图 5-31），按照轻重缓急的原则对重点和次重点地质灾害风险防范区有计划地实施专业监测，不断完善地质灾害专业监测网络。

图 5-30 群测群防员日常巡查　　　　图 5-31 普适型专业监测设备

(二)应急措施

1. 应急管理

浙东南地质灾害隐患点应急管理主要体现在乡级层面,以"平时服务、急时应急、战时应战"为工作原则,在面临汛期等高危险时期,乡政府部门应做到组织应急调查和险情监测工作,对险情的发展趋势进行预测,会同有关部门对灾情进行评估,提出应急抢险措施的建议;负责提供灾害预警所需的气象资料信息,对隐患点的气象条件进行监测预报,负责水情和汛期的监测;负责明白卡的发放;负责对接自然资源部门、相关技术单位对治理区块的勘查、设计、施工等工作。

地质灾害风险防范区应急管理则体现在部门应急协同方面。浙东南按照"省级预报到县、市级预报到乡、县级预警到村"的要求,在政府和防汛防台抗旱指挥部的统一领导下,浙东南各同级应急管理部门建立了应急协同工作机制,完成了应急救援技术支撑队伍、物资、装备等资源的共建共享,根据气象、水利部门预报和实时监测降雨数据,及时发布地质灾害风险等级预报"五色图"和风险预警信息提示单。地质灾害风险防范区应急技术支撑强化。对发生的地质灾害灾(险)情,及时组织专业技术单位和驻县进乡地质队员第一时间赶赴现场,及时上报灾(险)情,做好应急调查、灾害评估和动态监测等工作。

2. 精准撤离

精准撤离是指根据精准化预报预警信息或地质灾害存在灾害迹象,且其威胁范围内存在承灾体时,提出需要转移撤离的人员清单,明确撤离时间节点、路线和避灾安置点,由乡镇(街道)组织人员精准转移。在撤离完毕后,确保原居住点安全的情况下,方可让相关人员返回。人员转移撤离具体流程如图 5-32 所示。

第五章 浙东南地质灾害风险管控体系

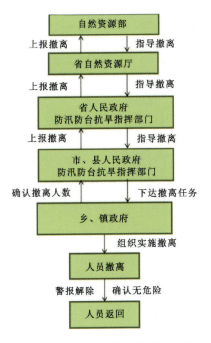

图 5-32 人员转移撤离流程图

在相应预警信息及巡查报告的基础上，市级防汛防台抗旱指挥部在台风来临时，将发送相应传真电报（图 5-33）给各县（市、区）、温州海经区防汛防台抗旱指挥部、市防汛防台抗旱指挥部成员单位，做好人员转移工作安排、转移人员服务安排及持续进行风险管控的安排。

图 5-33 防汛防台抗旱指挥部传真电报

根据响应级别,温州市采取"三个撤离"的举措方法,分别为:

(1)提前撤。在地质灾害风险预报红色预报区内的地质灾害风险防范区影响人员,提前撤离,防患于未然。

(2)及时撤。在地质灾害实时红色预警的地质灾害风险防范区影响人员,及时撤离,以免危险发生。

(3)果断撤。地质灾害巡查发现有灾害迹象的所有区域人员,果然撤离,远离危险区域。

3. 应急支撑

浙东南依托驻县进乡工作体系实现应急技术支撑。当出现气象预报预警,省地质灾害防治驻县进乡办公室下达地质队员驻县进乡工作提示单(图5-34、图5-35),针对各县(市、区),派出专业地质队员驻扎,进行专项联动、应急调查(图5-36)、巡查排查(图5-37)及工作指导。驻县进乡地质队员充分发挥专业技术优势,指导和协助乡镇(街道)、群测群防员开展巡查、巡测和"地灾智防"APP应用,相互协同和配合,共同做好地质灾害巡查和应急处置等,实现地质灾害及时发现、快速预警和有效避让。

图5-34　驻县进乡工作提示单　　　　图5-35　驻县进乡实施方案

驻县进乡地质队员具体工作流程可分为3个部分,分别为常态化服务工作、战时应急工作及灾后复盘总结,具体如下。

图 5-36　驻县进乡地质队员应急调查　　图 5-37　驻县进乡地质队员巡查排查

1）常态化服务工作

（1）开展汛期排查，在台风期或梅雨期进行地质灾害风险隐患排查及综合治理工程检查。工作前，在"地灾智防"APP 上进行工作签到，随后展开实地排查检查，对排查过程中遇到的隐患问题进行记录，并协助进行风险防范区的划定和范围调整问题、新增隐患点入库问题，动态化更新地质灾害风险"一张图"，并及时对各区降雨阈值进行动态化调整，随后汇总排查检查的结果，上报县级自然资源部门。

（2）开展宣传培训，明确培训对象（包括但不限于驻守乡镇的工作人员、村干部、群测群防员、普通群众等），制定相应的培训内容（"地灾智防"APP 的操作使用、地质灾害防灾知识）。工作前，在"地灾智防"APP 上进行工作签到，随后在文化礼堂、学校或广场等人民群众生活聚集的地方开展宣传培训，事后在"地灾智防"APP 系统上传相关培训记录。

2）战时应急工作

（1）当收到预警信息后，驻县进乡地质队员应及时开展相应巡查排查工作。工作前，在"地灾智防"APP 上进行工作签到。对于黄色预警等级的区域，工作人员进驻县级单位，协助相关人员进行值班值守、风险隐患点的排查工作、重点工程排查工作、风险防范区排查工作；对于橙色预警等级的区域，工作人员进驻乡镇（街道）单位，协助相关人员进行值班值守、风险隐患点的排查工作、重点工程排查工作、风险防范区排查工作；对于红色预警等级的区域，工作人员进驻乡镇（街道）单位，协助相关人员进行值班值守、并协助展开受灾人员撤离工作。最后对驻县进乡工作进行小结，对工作中存在的问题及反思进行汇总，上报至县级自然资源部门。

（2）当收到灾（险）情信息后，驻县进乡地质队员应及时开展灾（险）情处置工作。工作前，在"地灾智防"APP 上进行工作签到。随后及时协助相关群测群防人员、网格员、乡镇干部开展人员撤离工作，对相关地灾灾害开展应急调查，划定需要进行撤离的人员范围，参与相关会议进行会商研判，提出处置建议，并编制相应的调查报告，最后上报至县级自然资源部门。

3）灾后复盘总结

（1）每当重大灾（险）情发生后或汛期结束后，驻县进乡地质队员应及时开展复盘总结工作。

工作前,在"地灾智防"APP上进行工作签到。对灾(险)情情况、水文气象资料、基础地质资料、水工环地质资料进行分析整理,开展现场调查研究活动,参与座谈会进行交流,协助相关人员编制复盘报告,更新地质灾害风险"一张图",对降雨阈值进行调整,并上报至县级自然资源部门。

从2020起,在温州市自然资源和规划局及区县自然资源主管部门的统筹协调下,浙江省第十一地质大队地质灾害防治研究中心和县(市、区)地质灾害防治技术服务单位协同配合,深入实施地质灾害防治驻县进乡行动。3年多以来,温州市共派出进驻地质队员近6000人次,巡排查9600余次,巡排查隐患点7200余处,处置应急响应200余起,充分发挥了地质队员在地质灾害防治中的主力军作用,为温州市地质灾害应急调查、应急响应、应急救援提供了强有力的支撑。

(三)源头管制

温州市在地质灾害源头管制方面针对地质灾害危险性评估、农民切坡建房引导、系统治理3个层次进行控制。温州市在重大工程规划层面由各级自然资源主管部门利用国土空间规划管控、用途管制等非工程性手段,严格控制地质灾害风险防范区内及周边影响区域重大工程活动,严格落实地质灾害危险性评估制度,加强重大工程建设项目地质灾害风险管控,最大程度降低重大工程活动对地质环境的扰动和影响。在农民切坡建房引导层面按照分类管理的要求,加强山区建房地质灾害风险管控。地质灾害风险重点防范区内原则上禁止新建住房,其他地质灾害风险防范区内新建住房要在科学评估的基础上提前落实好防范措施,以此来降低点状切坡建房新增风险。在综合治理层面,浙东南将地质灾害风险防范区综合治理纳入国土空间生态修复等项目,优先对重点和次重点地质灾害风险防范区,采取区域性、系统性综合治理手段,从源头上降低地质灾害风险。

1.地质灾害危险性评估

温州市在编制《温州市国土空间分区规划(2020—2035)》时,强调加强灾害风险空间甄别、灾害发生成因分析、灾后选址重建和生态治理的空间基础分析等,全面结合已开展的地质灾害精细化调查评价成果,在全域规划中划定地质灾害风险区域,指导生态保护红线、永久基本农田、城镇开发边界3条控制线(图5-38)的划定和村镇建设用地布局,从源头控制地质灾害风险,保障区域地质安全。

地质灾害风险评估分为风险防范区评估和隐患点评估两个层面。地质灾害风险防范区危险性评估是对特定地区的潜在地质灾害隐患和风险进行系统评估的过程,目的是全面了解该区域可能面临的地质灾害风险,从而制定有效的风险防范和应对措施;地质灾害隐患点危险性评估是对潜在地质灾害隐患点进行系统评估,目的是确定某个地区或地点可能发生的地质灾害的程度和潜在危险性,以便采取相应的防灾减灾措施。

1)风险防范区危险性评估案例——乐清市龙西乡庄屋村村庄规划

风险防范区位于乐清市龙西乡西南部,行政上隶属龙西乡,场地东侧8km处为国道、11km处为甬台温高速,目前内部交通主要依托乡村公路。乐清市龙西乡庄屋村现状人口约1400人,人均建设用地面积为40.0m^2,如图5-39所示。

图 5-38 空间规划 3 条控制线

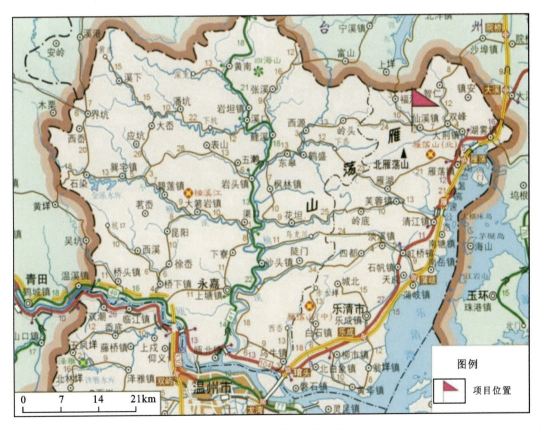

图 5-39 庄屋村交通位置图

场地地貌类型为丘陵区,考虑到生态保护红线、永久基本农田、城镇开发边界等规划红线的用地范围,结合附近地形和周边地质环境条件,确定村庄规划工作范围大致以山体分水岭为界,冲沟以流域范围为界,其地理坐标为东经120°59′15.8″—121°00′32.3″、北纬28°21′58.6″—28°23′06.7″,最终确定评估区面积约2.05km²,规划项目中庄屋村村庄规划人口约1457人,建设项目总用地面积约102 860m²,人均规划建设用地面积为40.56m²。之后根据《浙江省地质灾害防治条例》及相关规定,对庄屋村村庄规划进行地质灾害危险性评估(图5-40)。

图5-40 庄屋村地质灾害危险性评估区范围图

2)隐患点危险性评估案例——永嘉县金溪镇阮山村滑坡

隐患点位于永嘉县金溪镇阮山村昌盛路84号屋后斜坡坡脚,2004年8月13日受14号台风暴雨的影响,发生小型滑坡。滑体纵长约10m,宽约16m,滑体厚1.5~2m,体积约350m³(图5-41)。滑坡发生后,村民对斜坡裂缝进行了填充夯实,将边坡改造成台坎状,并修建了干砌块石挡墙对该段边坡进行支护(图5-42、图5-43)。

为评估该隐患点的危险性,对灾害点所在的区域地质环境条件及其变化情况、现状稳定性情况及发生趋势、威胁范围和威胁范围内的财产与人员情况等进行了调查核实(图5-43)。依据调查结果进行评估,该滑坡现已趋于基本稳定,滑坡对下方民房造成危害可能性小,危险性较低,建议核销该地质灾害隐患点。

图 5-41 阮山村滑坡场地概貌

图 5-42 阮山村滑坡隐患边坡

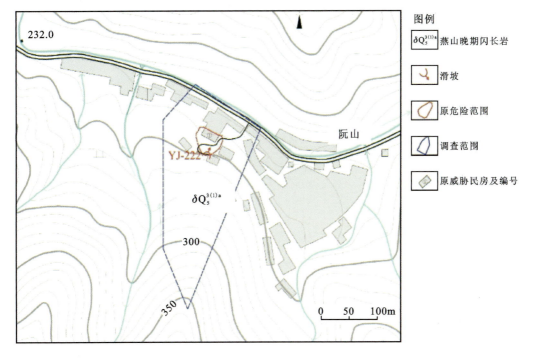
图 5-43 阮山村滑坡影响范围示意图

2. 农村切坡建房引导

温州市严控高风险区农用地转用指标,在年度土地利用计划拟定环节,以地质灾害危险性评估结果为重要判定因素,联合应急、林业、水利、环保等多部门做好联审工作。切实加强农村宅基地管理,在易发区内切坡建房的,必须先落实地质灾害防范措施,再进行宅基地放样。截至目前,已对大量存在地质灾害风险的农村建房审批实施了先治理后放样,从源头上降低了因人为因素引发的地质灾害风险。此外,浙江省第十一地质大队对农村山区居民发放《温州市农村切坡建房地质灾害常用防治措施》手册(图5-44),为居民提供常用防治措施、适用条件、施工图、工程造价等地质灾害治理信息(表5-5),为农村山区居民切坡建房地质灾害治理提供技术支撑。

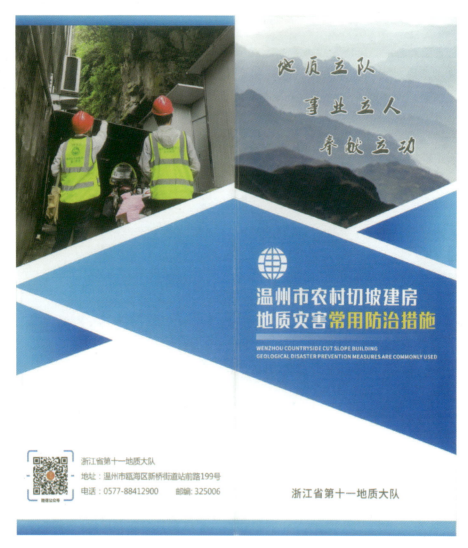

图5-44 《温州市农村切坡建房地质灾害常用防治措施》手册封面

3. 综合治理

综合治理是指按照"主动防灾、区域减灾、系统治理"的思路,根据国土空间用途管制的要求,将地质灾害风险高的重点区域纳入全域土地综合整治工程、国土空间生态修复工程,结合地质灾害搬迁避让和工程治理,对不同区域采取差异性、系统性治理方式,从源头降低地质灾害风险,提升区域地质环境安全韧性。综合治理的具体案例详见本章第四节。

第五章 浙东南地质灾害风险管控体系

表5-5 《温州市农村切坡建房地质灾害常用防治措施》内文展示

防治措施	坡率（削坡减载）法	护面墙	重力式挡土墙
适用条件	（1）场地有放坡条件，无不良地质段的土质边坡或岩质边坡； （2）土质边坡不高于10m，岩质边坡不高于25m； （3）地下水发育区、流塑状土不应采用	（1）边坡整体稳定，易风化剥落的岩质边坡； （2）单级边坡高不高于10m	（1）可能失稳的土质或岩质边坡； （2）土质边坡不高于8m；岩质边坡不高于10m； （3）开挖可能危及边坡稳定以及相邻建（构）筑物安全的边坡不应采用
代表性设计断面图	削坡减载代表性断面图	单级护面墙代表性断面图	仰斜式重力式挡土墙代表性断面图
工程造价	土方开挖：人工，100～200元/m³；机械，50～100元/m³ 岩方开挖：人工，150～400元/m³；机械，100～150元/m³ 水沟：浆砌石，300～400元/m；混凝土，500～600元/m	浆砌块石：500～600元/m³ 混凝土：600～800元/m³ 水沟：浆砌石，300～400元/m；混凝土，500～600元/m	浆砌块石：500～600元/m³ 混凝土：600～700元/m³ 水沟：浆砌石，300～400元/m；混凝土，500～600元/m
应用实例照片			

续表 5-5

防治措施	锚杆(索)结构	锚喷支护	柔性防护网
适用条件	(1)风化较严重、地下水丰富软岩边坡、土质边坡；(2)土质边坡不高于10m；岩质边坡不高于18m，单级坡高不高于10m	(1)可用于整体稳定、坡率不陡于1:0.5的易风化、破碎的岩质边坡；(2)单级坡高不小于15m	边坡整体稳定，有局部崩塌隐患的岩质边坡
代表性设计断面图	锚杆(索)格构代表性断面图	喷射混凝土结构示意图	柔性防护网代表性断面图
工程造价	锚杆：锚杆钻孔成孔200～300元/m；锚索：500～1000元/m；混凝土格构：800～1200元/m³；钢筋制安：6000～7000元/t；水沟、浆砌石：300～400元/m；混凝土：500～600元/m	锚杆：潜孔钻孔成孔：200～300元/m；100元/m；喷射混凝土：800～1000元/m³；挂网钢筋制安：7000～8000元/t	锚杆：潜孔钻孔成孔：150～300元/m；风钻成孔：80～100元/m；主动防护网：150～200元/m²；被动防护网：500～1500元/m²
应用实例照片			

(四)科普演练

温州市对防灾减灾工作高度重视,为化解隐藏的地质灾害安全风险,提高群众防灾减灾救灾的能力,确保人民生命财产安全和社会稳定,大力开展地质灾害防灾减灾科普宣传、技术培训及应急演练工作。在每年开展的驻县进乡行动中,指导基层开展宣传、培训、应急演练工作是重要行动任务之一,以此提高基层应对突发性地质灾害的能力,增强群众防灾减灾意识,打通地质灾害防治工作"最后一公里"。

1. 科普宣传

地质灾害科普宣传是一种向公众提供地质灾害、防灾减灾等科学知识、积极保护人民群众生命财产安全的方式。通过地质灾害科普宣传,帮助公众更好地了解泥石流、滑坡、崩塌等地质灾害的危害,提高公众的安全意识,预防地质灾害带来的伤害,同时也可以传授广大群众在遇到泥石流、滑坡、崩塌等地质灾害时的应急避险技能,帮助受灾群众快速做出反应,采取正确的应急措施,降低伤害程度。温州市在地质灾害科普宣传方面采取了积极的措施,取得了显著的社会成效。

1)地质灾害科普宣传进社区

温州市每年在4月22日"世界地球日"、5月12日"全国防灾减灾日"和10月13日"国际防灾减灾日"定期开展地质灾害科普宣传进活动。如2023年4月22日上午,浙江省第十一地质大队在苍南县人民公园内,通过案例展板(图5-45)、发放防灾避灾救灾减灾宣传手册等方式,宣传了地质灾害防治知识,让群众了解地质灾害防治和避灾常识及所居住的地质灾害隐患区情况,宣传群众人员约500人次(图5-46)。2023年5月12日,浙江省第十一地质大队联合温州市鹿城区南汇街道开展"地质灾害知识进社区"活动,走进南汇街道下吕浦春秋社区,对广大群众进行地质灾害防灾、减灾知识宣传。地质队员向社区居民介绍了地质灾害、地灾种类、识别方法、防范措施等,并发放了地质灾害防治宣传手册和地质灾害防治小知识手册158份(图5-47)。2023年10月13日,浙江省第十一地质大队联同温州市自然资源和规划局瓯海分局,于瓯海区半塘公园开展了"第34个国际减灾日——共同打造有韧性的未来"的主题宣传活动(图5-48)。地质队员向群众详细介绍了地质灾害的危害及类别,着重强调了在汛期雨水高发期间要提高防范意识,确保人身安全,密切配合政府工作并及时撤离,并发放有关减灾防灾害的知识手册。

此外,驻县进乡地质队员也为基层民众不定期开展科普宣传活动。如2023年7月31日,浙江省第十一地质大队地灾防治研究中心驻县进乡地质人员联同温州市自然资源和规划局瓯海分局、瞿溪街道办事处、郭瞿自然资源所,在瞿溪街道幸福社区文化家园进行地质灾害防治知识宣传活动(图5-49)。地质队员们为当地群众详细介绍了地质灾害的危害及险情的类别,重点提醒在台风期间如何避险防灾,配合政府部门工作。同时,还重点向村民发放了浙江省第十一地质大队编制的《温州市农村切坡建房地质灾害常用防治措施》手册。

图 5-45 地质灾害宣传展板

图 5-46 苍南县人民公园科普宣传活动

图 5-47 鹿城区南汇街道科普宣传活动

图5-48 瓯海区半塘公园地质灾害科普宣传活动

图5-49 瞿溪街道幸福社区文化家园地质灾害科普宣传活动

2)地质灾害科普宣传进校园

地质灾害科普宣传不但要进入社区面向基层群众,也要走进校园面向学生,扩大科普宣传普及面,提高全民的防灾减灾意识和能力。

2023年4月22日,浙江省第十一地质大队联合温州市科学技术学会,举办了"瓯越蒲公英计划"科普研学活动(图5-50),邀请了平阳县腾蛟镇第一小学的35位同学参观温州地质科普馆(图5-51),共同探索"众生的地球",了解温州地质环境与资源,领略地球系统科学知识的奥秘。"从这里一直往上走,会走到未来吗?"去往温州地质科普馆的楼梯上,同学们看着墙上关于地球46亿年演变史的绘画,开启了自己对未来地球样貌的想象。讲解员结合自己丰富的专业知识,从"地质的力量"文化主题墙的构成切入,带同学们一一领略了地球的诞生、生命的演化、人类文明的发展等进程,并介绍了温州的地形地貌、特色的矿产资源和秀美的地质遗迹等知识。研学活动期间,还组织同学们实地观摩了一处地质灾害治理点,现场讲解了地质灾害的发生原因、在平时生活中如何识别地质灾害,让同学们更加直观了解地质灾害防治与避险的技巧,让防灾救灾避灾减灾的"火种",在青少年的心中生根发芽。

图5-50 平阳县腾蛟镇第一小学科普活动

图5-51 参观温州地质科普馆

3)打造地质灾害科普宣传基地

打造地质灾害科普宣传基地,也是对大众进行地质灾害宣传教育的重要举措。2023年,乐清市龙西乡"云娜"台风泥石流灾害通道上由原龙西学校改建而成的龙西自然灾害应急安全体验馆即将建成投入使用,建筑面积达 334m²,共包含泥石流灾害体验区、应急救援体验区、暴雨洪涝体验区和消防安全体验区四大区域。通过模拟各类常见灾害情景,打造沉浸式体验和互动式学习,切实提升群众的应急安全知识和技能(图 5-52)。

图 5-52　龙西自然灾害应急安全体验馆介绍

2. 技术培训

温州市十分注重对基层一线群测群防员的技术培训工作,各级政府相关部门会定期组织技术培训活动。如 2023 年 4 月 22 日,在苍南县自然资源和规划局召开的 2023 年度地质灾害群测群防员应急与防治工作培训会上,浙江省第十一地质大队队员以《地质灾害应急调查、灾情处置方法及"地灾智防"APP 使用》为题,为来自基层一线的 130 多名群测群防员进行培训,讲授"地灾智防"APP 迭代升级后的操作要点等知识,强化基层防灾人员运用"数智"手段提升防灾效率的技能水平(图 5-53);2023 年 7 月 7 日,永嘉县自然资源和规划局组织开展了 2023 年度永嘉县地质灾害群测群防员培训会议,永嘉县各乡镇、街道管理人员及群测群防员共 200 余人参加了此次培训会议,地质队员针对永嘉县地质灾害点多面广、突发性和隐蔽性强等特征,深入浅出地介绍了如何进行地质灾害风险隐患管理和群防群测工作,并详细讲解了"地灾智防"APP 和地灾预警码的基础使用知识(图 5-54)。

3. 应急演练

为切实提高突发地质灾害应急预案的可操作性和各部门快速反应能力,提升应急技术人员对突发性地质灾害状况的应对能力,增强群众防灾避险意识,保障人民群众生命财产安全,温州市通过模拟地质灾害发生条件,多次进行地质灾害突发情况应急演练,取得了良好的实战演练效果。

第五章 浙东南地质灾害风险管控体系

图 5-53　苍南县技术培训　　　　　　图 5-54　永嘉县技术培训

1）温州市地质灾害防范区应急调查演练

2020年，由温州市自然资源和规划局主办，浙江省第十一地质大队承办，在瓯海区泽雅镇上潘村开展了地质灾害风险防范区应急调查演练（图5-55）。演练以模拟上潘村地质灾害点因持续降雨和强降雨，山体出现群发性裂缝为预设情景，重点围绕地质灾害应急调查、应急监测等多个关键环节，涉及政治动员、队伍集结、野外综合调查等多个科目。为了真实反映"灾难发生时的真实情景"，演练指挥部还预设了现场停水停电、公共通信网络中断等突发"难题"，不断增加演练的真实性和难度系数，全方位检验应急程序的合理性及应急突击队的综合素质。

图 5-55　2020年温州市地质灾害风险防范区应急调查演练合影

接到"应急响应命令"后,浙江省第十一地质大队派出多组应急突击队,携带AR单兵实施互动"云"智慧系统,多架无人机等"黑科技"开展巡查监测,快速扫描获取危险区域高分辨率图像数据,通过5G网络实时将现场动态灾情第一时间传回现场指挥部,并与异地专家组跨平台协作,辅助指挥决策,改变以往"双腿+肉眼"监测的方式,为应急救援工作争取时间。本次应急演练展示了3架作用各不相同的专业用途无人机(图5-56),其中AS-1300HL无人机带有多平台激光雷达测量系统,最高时速50km,可自动滤除植被,实时绘制3D立体地图,一个架次就可以测绘1∶1000比例尺地图面积1km²;而适合"单兵作战"的华鹉P550+无人机,含有五镜头倾斜摄影测量系统,拥有全自动化的飞控系统、性能优越的差分定位技术等;华鹉P316无人机带有多功能无人机航拍测绘系统,可以在平原、水域、丘陵、丛林等地形或建筑密集区域顺利作业,并保证最高效率地进行数据采集。

图5-56 地质灾害调查领域应用无人机现场

此次演练一改过去的"点对点"模式,重点突出风险区块的排查,由被动的防治转为主动的管控,同时还首次将次生灾害中或引发的环境污染因素纳入演练环节,省级院士工作站院士金振民亲临现场指导,并通过"云"直播供百姓在线观摩,加强地质灾害群防群治的科普教育。

2)温州市地质灾害应急调查演练

2022年5月12日"全国防灾减灾日",由温州市自然资源和规划局主办,浙江省第十一地质大队承办,文成县自然资源和规划局协办,开展了温州市地质灾害应急调查演练(图5-57,图5-58)。演练以模拟文化广场后山风险防范区因持续降雨和强降雨,山体出现群发性裂缝为预设情景,重点围绕"地灾智防"APP迅速上报、地灾应急调查、应急监测、应急航测、专家预警研判等多个关键环节,涉及政治动员、队伍集结、野外综合调查、应急救援、后勤保障、通信保障及舆论分析等10余个科目。

图 5-57　2022 年温州市地质灾害应急调查演练合影　　　　图 5-58　2022 年温州市地质灾害应急调查演练队伍

当日恰逢较大降雨,为真实反映台汛期间应急调查难度,演练指挥部决定开展实战演习,以增加演练的真实性和难度系数。接到"应急响应命令"后,浙江省第十一地质大队派出由相关专业领域技术骨干组成的应急突击队,携带单兵智能调查设备、多架无人机等新型智能装备(图 5-59),迅速投入巡查监测,快速扫描获取危险区域高分辨率图像数据,与专家研判组协作,辅助指挥决策,改变以往"双腿+肉眼"监测的方式,为应急救援工作争取宝贵时间。同时,还开展了现场救援演练(图 5-60),锻炼了救灾队伍应急救援能力。在演练过程中,还通过"云"直播的方式提供在线观摩视频,进一步扩大"防灾减灾、群测群防"的宣传效果。在"险情"得以圆满处置后(图 5-61),浙江省第十一地质大队通过对本次应急演练的复盘总结切实体会到防灾、减灾、救灾工作任重而道远,思想上要高度重视地质灾害防治工作,工作上做到守土有责、尽心尽力,应强化风险隐患调查能力,提升应急技术装备,持续完善应急预案体系,确保应急保障有力,为构建地质安全保障贡献智慧和力量。

图 5-59　新型无人机调查装备　　　　图 5-60　救援演练现场

3)应急避险演练

为提高群众的风险防范意识和避险自救能力,温州市地方各级地质灾害主管部门每年均在重点和次重点地质灾害风险防范区模拟突发性地质灾害发生,组织群众开展应急演练。应急演练主要内容为监测预警、调查处置、抢险救援、避险撤离以及转移安置等,全面检查应急预案的操作程序,检验应急程序的合理性和应急反应的能力,最后结合当地地质灾害风险隐患特征和实际情况开展演练,之后进行评估与总结,弥补基层地质灾害防治工作不足,切实提高山区群众应急避险能力。

图 5-61 组织群众开展地质灾害应急避险演练

四、全面化保障体系

(一)制度保障

《温州市地质灾害防治方案》《温州市地质灾害防治重点工作分工方案》《温州市突发地质灾害应急预案》《温州市自然资源和规划局突发地质灾害应急响应方案》等规定的颁布和实施,奠定了浙东南地质灾害风险防控的制度保障,建立了数据共享、防治协同、应急联动的风险管控机制。

1. 建立数据共享机制

为促进优化地质灾害风险等级预报和实时预警工作的展开,提升地质灾害"整体智治"能力,温州市建立了扎实的数据共享机制,由自然资源、气象、水利等部门及时共享地质灾害、气象预报、实时雨量等数据,使地质灾害预报预警工作顺利开展。如气象部门日常工作中,对每周气象信息及下周气象信息预报信息进行汇总,形成《气象信息快报》(图 5-62)分享给相关单位,在台讯期,气象部门对台风实时动态进行汇总,并对未来气象进行相关预报,形成《重要气象报告》(图 5-63)。

气象信息快报

(2023年第74期)

温州市气象台　　　　　　2023年10月9日10时

一周气象灾害风险提示

一、上周天气回顾

过去一周（2至8日）我市先晴后雨，气温先升后降，于10月6日入秋。受台风"小犬"和冷空气共同影响，我市沿海海面持续（2至8日）出现8级以上大风过程，其中最大风力出现在苍南县金乡石砰（32.7米/秒，12级），全市共有69站出现8级以上、40站出现9级以上、15站出现10级以上、3站出现11级以上大风；7日我市出现中到大阵雨，局部暴雨，全市面雨量26.3毫米，县级面雨量前三分别为：鹿城区38.1毫米、永嘉县36.2毫米、瓯海区35.8毫米，累计雨量最大为乐清市仙溪龙湖85.0毫米。

二、一周天气展望

未来一周（9至15日）我市晴多雨少，9、10日阴到多云，局部有阵雨，14日至15日上午受弱冷空气影响有一次弱降水过程，其余时段以晴到多云天气为主。气温总体平稳，最高气温23℃～26℃，最低气温16℃～19℃。

图5-62　气象信息快报

重要气象报告

(2023年第48期)

温州市气象局　　　　　　2023年10月6日10时30分

台风消息

台风动态： 今年第14号台风"小犬"（台风级）今天9时其中心距离温州西南方向约758千米的洋面上，就是北纬21.8度、东经117.6度，中心附近最大风力有13级（40米/秒），中心最低气压为960百帕，七级风圈半径200～300千米，十级风圈半径80千米，十二级风圈半径40千米。预计，"小犬"将以每小时5～10千米的速度向偏西方向缓慢移动，逐渐向广东南部沿海靠近，强度逐渐减弱。

实况： 受台风和冷空气共同影响，4日20时~6日09时，我市沿海和高山站普遍出现9～11级大风，个别站点出现12级大风。9级及以上有39个站，10级以上有15个站，11级以上有3个站，12级有1个站，最大为苍南县金乡石砰（32.7米/秒，12级）。

预报： 随着台风西移，强度减弱，我市大风较昨天有所减弱，预计沿海海面今天北到东北风8级阵风9～10级，明天8～9级、8~10日7~9级。6~9日全市有阵雨天气。主要降水集中在7日到9日上午，部分有中雨到大雨，局部暴雨。

图5-63　重要气象报告

2. 建立防治协同机制

温州市在地质灾害防治工作开展过程中，建立部门防治协同机制，相关部门各司其职，协同开展工作。如2022年6月15日，温州市委、市政府召开全市"三防"工作调研会，对地质灾害防治工作作出重要指示，强调防汛防台保平安首先还是要抓地质灾害防治工作，并下发相关紧急通知明确要求严格落实地质灾害防治主体责任，建立乡镇领导包村、村干部包户到人的逐级负责制；严格落实部门地质灾害防治责任，自然资源部门负责组织开展地质灾害调查、监测、预警和治理等工作，交通运输部门负责公路（含农村公路）排查、监测、治理，住建部门负责建设项目及切坡建房，水利部门负责各类水利设施，农业农村部门负责农家乐及各类养殖场所，教育部门负责学校，文化广电旅游部门负责旅游景区的地质灾害防治责任。

3. 建立应急联动机制

温州市统筹协调全市地质灾害防治技术力量，充分发挥浙江省第十一地质大队和其他在温驻县进乡单位的专业技术优势，确保每个有地质灾害防治任务的县（市、区）至少有一家公益性技术支撑单位和一家市场化技术服务单位，建立健全应急联动工作机制。构建统一领导、事企协同、职责明确的地质灾害防治驻县进乡工作体系，全面提升基层地质灾害防治能力和水平，确保人民群众生命财产安全。在工作中，分区负责，动态调度。依据地方地质灾害防治工作需求，建立全域覆盖、地域明确的分区驻县进乡人员驻守机制。根据实际情况,各级驻县进乡组织机构动态调整驻县进乡技术力量,并服从上级组织机构的调度,做到零星灾(险)情能及时处置和群发灾(险)情能有效应对。事企协同,全面融合。加强公益性技术支撑单位和市场化技术服务单位之间的人员协同、业务协同、装备协同,做到互相支持、互相配合,将地方政府的地质灾害防治体系、事业单位技术支撑体系和企业单位技术服务体系有机融合,共同做好地质灾害防治工作。

(二)人员保障

温州市及其13个县(市、区)自然资源和规划局、应急管理局、气象局、水利局等相关部门的管理人员,以金振民院士为首的强大专家团队,浙江省第十一地质大队和其他地质灾害防治单位技术人员,网格员、群防群测员等基层一线人员,构成了温州市地质灾害防治的人员保障体系。

2018年11月,我国著名构造地质学家、温州籍中国科学院院士、中国地质大学(武汉)教授金振民到访浙江省第十一地质大队考察指导(图5-64),双方现场签约共建院士专家工作站(图5-65)。金振民院士专家工作站的成立为温州市地质灾害防治体系的发展提供了强有力的人才和技术支撑。

图5-64 金振民院士考察工作

图5-65 院士工作站铭牌

温州市在地质灾害防治中大力采取群测群防相关举措,组成了体系庞大、分布于各县(市、区)的群测群防队伍,为浙东南地质灾害防治的开展打通了"最后一公里"。温州市群测群防体系由县(市、区)级有关部门、乡(镇)级有关部门和群测群防员三部分构成,具体体系如图5-66所示。

(1)县(市、区)级。负责组织、协调、指导和监督群测群防体系建设,编制地质灾害防治规划和年度地质灾害防治方案;负责值班值守与灾(险)情上报、设立和更新标识标牌;组织有关部门开展宣传培训、防灾演练、地质灾害风险隐患"三查"和动态更新工作;构建与技术支撑队伍合作的地质灾害防治技术支撑体系;指导乡(镇)、村填制并发放地质灾害防灾工作明白卡和地质灾害防灾避险明白卡,编制风险隐患防灾预案和开展巡查工作;做好报告总结和档案管理等。

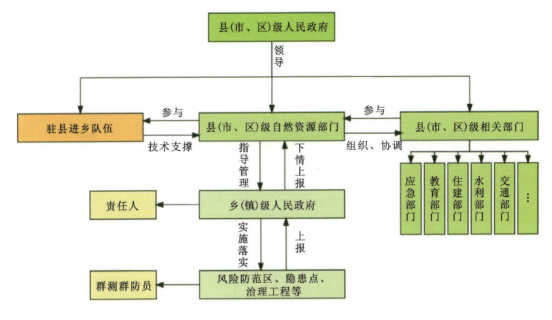

图 5-66 地质灾害群防群测体系构成

（2）乡（镇）级。在日常管理中组织编制镇级应急避险预案和各村应急避险手册，发放并填制防灾避险明白卡组织储备抢险救灾物资，落实避灾安置点，组织应急避险演练；在汛前展开检查，组织开展汛前风险隐患排查，检查各村汛前防灾准备工作、人员到岗及避灾安置点应急物资；在应急响应方面，按照地质灾害风险预警级别和应急避险响应指令，启动乡（镇）应急避险预案，根据自然资源部门解除地质灾害应急避险响应指令，及时结束应急避险预案；按时报送信息，根据信息报送时限要求，及时报送自然资源部门和防控指挥办；在紧急处置方面，应急响应期间如有危急情况，可提高一级响应。

（3）群防群测员。负责隐患点、风险防范区、治理工程等的巡查；做好"地灾智防"APP巡查记录；向受威胁群众讲解防灾明白卡和避险明白卡，熟悉避灾场所和撤离路线；发现灾（险）情及时向管理员和责任人报告，并协助组织受威胁群众转移和自救；积极参加群测群防技术培训，提高巡查判别能力。

（三）物资保障

温州市部门联动机制为地质灾害防治的物资保障提供了坚强的后盾。目前，全市深入开展地质队员驻县进乡专项行动，在现有地质灾害应急队伍和地质灾害应急技术服务中心基础上，加强市、县两级地质灾害应急救援队伍建设。

1. 调查物资

为保障相关地质调查工作的开展，配备了能满足野外工作需要的越野车、具有防风防雨功能的便携无人机（图 5-67）、具备快速钻探能力的便携式背包钻机、卫星电话、能够运行

ArcGIS与GeoScene等软件的便携工作站、能够满足野外调查测距要求的激光测距仪(测距范围大于200m)、罗盘、地质锤、放大镜、望远镜、移动电源、野外用手电、地灾应急背心、雨衣、登山鞋、雨鞋、安全帽及其他劳保用品、对讲机、手持GPS定位仪、多功能自动呼救手表、搭载野外数据采集系统的工作平板等调查装备。此外,还配备具有RTK功能的倾斜摄影仪(图5-68)等应急监测设备,为地质队员提供高精度的地理信息,帮助追踪地表变化,实时处理和分析数据,确保对隐患点和风险防范区的实时监测和准确评估。

图5-67 无人机

图5-68 RTK应急监测设备

2. 应急物资

在发生灾(险)情之后,为保证应急调查工作的开展,储备有统一标识服装(图5-69)、户外移动电源(图5-70)、登山鞋、雨鞋、安全帽、登山杖、保安绳索、激光救援手电筒、应急刀具等应急与安全防护装备,确保救援行动的顺利进行,最大限度地减少灾害事故的损失。

图5-69 统一标识服装

图5-70 户外移动电源

3. 救援物资

为地质队员配备有救援、维生用品,例如野外急救包(含包扎带、止血、止疼药、防暑、防蛇等药品)、干粮、饮用水等,为调查人员或受灾人员提供基本生活保障。

(四)保险保障

1. 地质灾害保险构想背景

如何打通防灾救灾避灾"最后一公里",合力切实守护好一方群众生命财产安全,一直是地方政府及有关部门高度重视的民生问题。由于极端天气和短历时强降雨增多,地质灾害红色预警频繁。在红色预警中,需要撤离危险区内人员,撤离人员食宿问题标准不统一,且难以保障,撤离期间又无法正常生产生活,导致群众对撤离有一定的抵触情绪。近年来多次发生群众因撤离不及时或撤离后又重新返回家中导致灾难的发生。此外,地质灾害造成的损失往往都是群众自行承担,例如受伤医疗、房屋修复或重建等,加重了人民群众的负担。当前,地质灾害在防治、避灾及救灾领域,主要依靠地方财政和社会捐助,存在补偿程度较低、政府财政压力大、资金利用率低、群众主动性不高等弊端。

针对以上短板,将保险机制引入地质灾害防治体系,通过商业保险的救灾保障功能,多渠道筹集地质灾害防治资金,最大限度地保障人民群众生命财产安全,逐步成为国内各级政府和保险业的共识。按照浙江省委关于"以创造性贯彻落实、创新性转化发展推动'八八战略'走深走实、实现示范引领"的要求,以及浙江省自然资源厅拟推动扩大地质灾害保险试点工作的意愿,温州市结合试点方案,提出了建立"技术防治+保险托底"的地质灾害防灾避灾救灾社会化保险机制构想,借此以货币化方式量化地质灾害隐患风险,在一定程度上减轻财政压力,同时让隐患区内的群众得到一定补偿,维护社会稳定。

2. 温州市地质灾害综合治理保险探索

《浙江省温州市地质灾害防治"十四五"规划》提出,要"探索地质灾害保险机制,通过开展地质灾害项目保险试点,引入保险机制,建立风险预防为主、事后赔付兜底的地质灾害风险隐患全过程管理机制"。在浙江省委常委、温州市委刘小涛书记的关心支持推动下,温州市自然资源和规划局与中国人民财产保险股份有限公司温州市分公司联合,在温州市4个行政辖区(鹿城、龙湾、瓯海、洞头)开展了温州市区地质灾害综合治理保险试点。

2022年温州市自然资源和规划局为温州市4个区地质灾害综合治理投保200万元,保险额为1200万元。2022年6月,瓯海区发生崩塌,造成了5间民房损坏。该灾害一期治理工程总投资约283.85万元,均由保险理赔。温州市地质灾害综合治理投保一年,为政府财政节省开支83.85万元,解决区财政资金不足和治理资金下拨滞后导致治理工程延后的问题,取得了非常好的成效。然而,该试点方案未涉及预警撤离后人员安置和灾后财产损失补偿,在地质灾害发生的前期和后期未得到保证,如前期人员撤离问题,后期人员伤亡和房屋损坏补偿问题。

3. 温州市地质灾害保险投保建议

为满足居民更高层次、更加多元、更加个性化的保险保障需求，在温州市地质灾害综合治理保险试点的基础上，应投保预警撤离人员转移安置险和灾后人、财损失险，在地质灾害发生的前期和后期进行保障，实现地质灾害影响的全过程保险。因此，建议在温州市开展以下4个地质灾害险种的投保工作：

(1)人员转移安置保险。辖区内经有关部门认定需发布红色预警，且经认定按照相关法规要求预警区域内人员撤离的，此过程中所产生的安置费用在限额内由该保险人依照保险合同的约定负责赔偿。人员转移安置措施采取货币赔偿，无论被保险人采取何种转移安置形式，保险单位均以货币形式进行一次性赔偿，赔偿费用在保单赔偿限额内按照涉及撤离人口进行赔付。

(2)地质灾害综合治理保险。辖区内新发生灾(险)情(公路沿线边坡除外)，经主管部门认定需入库管理的地质灾害隐患点，采取工程治理措施和搬迁避让措施，由此产生的费用，在限额内保险人依照保险合同的约定负责赔偿。工程治理措施包括工程治理、应急治理及应急排险等措施。工程治理措施的费用包含工程勘查费、工程治理设计费、工程治理费、监理费、验收等费用以及相关的勘察、鉴定费用。搬迁避让措施采取货币赔偿，无论被保险人采取何种安置形式，保险单位均以货币形式进行一次性赔偿，赔偿费用在保单赔偿限额内按照户籍在册人口和房屋面积进行双重赔付。

(3)地质灾害发生后救援保险。辖区内新发生灾(险)情(公路沿线边坡除外)造成人员被困需要救援的，由此产生的费用，在限额内保险人依照保险合同的约定负责赔偿。无论被保险人采取何种救援形式，保险单位均以货币形式进行一次性赔偿。

(4)地质灾害发生后人、财补偿保险。辖区内新发生灾(险)情(公路沿线边坡除外)导致人身伤亡或者财产损失，仅赔偿因地质灾害导致的房屋受损及影响居住补偿。

地质灾害保险的实施能够让政府的财政支出更平稳，让受影响的群众生命财产安全更有保障，有利于提高公众人员的防灾避灾意识、能力。然而，目前地质灾害相关的保险制度还不完善，仍需要进一步积极探索，以健全和完善地质灾害保险体系，有效缓解地质灾害风险。

第六章 浙东南地质灾害风险管控典型案例

在"主动防灾减灾、动态风险管控、系统减灾救灾"理念指引下,浙东南地质灾害风险管控取得了良好的社会和经济效益。本章分别介绍地质灾害早期识别、预报预警、成功避险、综合治理等方面的典型案例,总结成功经验,供类似地质灾害风险管控参考。

第一节 滑坡早期识别典型案例

一、滑坡概况

石坪后山滑坡位于苍南县金乡镇石坪社区,金乡镇政府南东侧直线距离约 5km 处,风险区编号为 330327FF0245,滑坡全貌如图 6-1 所示。苍南县 168 黄金海岸线金乡连接线工程于 2020 年 7 月开工,通过滑坡遥感解译技术分析 K4+860～K5+480 段存在多处变形迹象,故加强了该段的人工巡查、地面核查。2022 年 4 月初,东侧龙山道观地面及建(构)筑物墙体多处出现裂缝;5 月份小规模滑坡发生,并发育多处地裂缝,有进一步发展的趋势。为此,浙江省第十一地质大队进行了现场勘查和变形监测,确认潜在的滑坡隐患会影响工程的建设和运营安全,并危及龙山道观,遂开展工程治理,通过地质灾害隐患点早期识别,为滑坡治理赢得了时间,及时消除了滑坡发生的灾害风险。

二、孕灾地质条件

1. 地形地貌

苍南县 168 黄金海岸线金乡连接线所在区域属浙东南沿海丘陵地貌,区内最高海拔约为 188.7m,最低海拔约为 4.5m,相对高差约为 184.3m。斜坡上部较陡,坡度为 15°～35°;中部地势相对平缓,坡度为 10°～15°;坡脚因人工建房切坡形成 1.0～4.0m 高的边坡,边坡下方地势平坦。自然山体植被发育,多为茂盛的灌木丛。

图 6-1　石坪后山滑坡隐患点全貌图

2. 地层岩性

调查区出露下白垩统高坞组（K_1g）凝灰岩、安山玢岩和第四纪松散堆积层，自上而下分述如下。

（1）填土（Qh^{ml}）。色杂，松散—稍密，主要由块石、碎石及粉质黏土组成，碎石约占55%，粒径5~12cm，呈棱角状，余为黏性土，为近期回填。

（2）粉质黏土含碎块石（Qh^{del}）。为滑坡堆积物，棕黄色、青灰色，湿，软塑—可塑状，表层原为残坡积层，碎块石含量5%~10%，粒径一般为2~10cm，次棱角状；下部为全风化安山玢岩。分布在前缘坡脚一带，厚1~5m。

（3）粉质黏土含碎块石（Qp^{d-dl}）。为残坡积物，灰褐、棕黄色，稍湿—湿，结构松散，可塑—硬塑状，碎块石含量一般占5%~15%，粒径一般2~10cm，岩性为安山玢岩，次棱角状，层厚2.7~10.5m。

（4）全风化安山玢岩（K_1g）。青灰色、灰黄色、灰黑色，主要风化成粉质黏土状，结构基本破坏，主要呈可塑状，局部呈软—硬塑状。该层从坡体向上逐渐变薄或尖灭。

(5)强风化安山玢岩(K_1g)。灰褐色,节理裂隙较发育,岩体较破碎,芯样呈碎块状,RQD(岩石质量指标)一般小于10。层厚0.7~3.4m,局部未揭穿。

(6)中风化安山玢岩(K_1g)。灰黑色,节理裂隙发育一般,岩体较完整,芯样呈短柱状,RQD大于10,该层未揭穿。

3. 水文地质条件

地下水类型主要为第四系松散岩类孔隙潜水和基岩裂隙水。地下水补给源较单一,松散岩类孔隙水主要接受大气降水补给,松散岩类孔隙潜水下渗补给基岩裂隙水。地下水水质良好,储量随季节和降水动态变化大,勘查期间测得地下水埋深在0~2.5m。

4. 人类工程活动

当地居民生活条件一般,产业以渔业为主,林业、农业为次,第三产业不发达,抵御自然灾害能力一般。调查区内人类工程活动主要有金乡连接线工程建设开挖山体坡脚,龙山道观、石坪学校修建切坡,以及自然斜坡上修建坟墓和种植农作物等活动。

三、滑坡特征

结合遥感技术,根据现场实地调查,区内主要存在滑坡隐患点两处,K5+015~K5+180段为滑坡隐患HP1、K5+180~K5+280段为滑坡隐患HP2。滑坡隐患平面如图6-2所示,工程地质剖面如图6-3所示。

1. 滑坡隐患HP1特征

滑坡隐患HP1平面上呈扁平状,主滑方向约295°;滑坡体前缘高程35m,后缘高程68m,高差33m,坡度24°~26°,纵长92m,横宽260m,平均厚6.6m,面积约18 000m²,方量约118 800m³,属小型浅层土质牵引式滑坡。

滑坡后缘发现拉张裂缝,裂缝下错约30cm,张开最大宽度约20cm,裂缝深度约1.4m;滑坡两侧周界不清晰,坡体土层相对较薄,出露地层为残坡积土。滑坡前缘临近公路,坡脚挡墙出现外倾现象,局部挡墙已出现纵向贯穿裂缝。挡墙外侧路面见鼓起迹象,鼓起高度5~10cm,局部存在外移现象。

2. 滑坡隐患HP2特征

滑坡隐患HP2平面上呈带状,主滑方向约285°,前缘高程25m,后缘高程56m,高差31m,坡面呈台阶状,纵长约77m,横宽约95m,平均厚4.6m,面积6800m²,潜在滑坡方量约31 280m³,属小型浅层土质牵引式滑坡。

滑坡后缘为道观后山围墙处,后缘发现拉张裂缝,裂缝下错1~2cm,张开最大宽度约10cm,局部建(构)筑物墙体、围墙多处开裂,最大开裂20cm,出露地层为填土及残坡积土。滑坡前缘、公路内侧坡脚挡墙存在横向裂缝,裂缝长2~3m,挡墙上部条石石阶存在沉降变形裂缝,路面未见鼓起迹象。

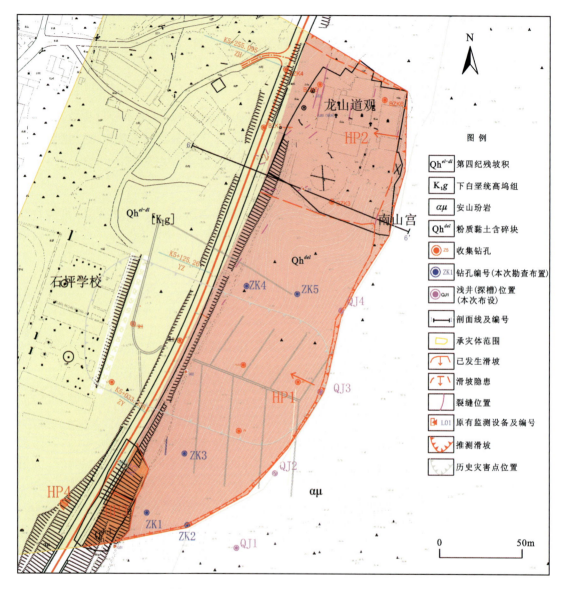

图 6-2　石坪后山滑坡隐患工程地质平面图

四、早期识别措施

1. 遥感解译判定存在灾害隐患

通过应用 GIS 空间分析功能,在遥感影像上叠加地形地貌、地层岩性、地质构造等要素,进行地质灾害易发程度分析,在此基础上,以人机交互的方式半自动开展地质灾害风险识别,解译出苍南县 168 黄金海岸线金乡连接线 K4+860～K5+480 段存在不稳定斜坡,据此

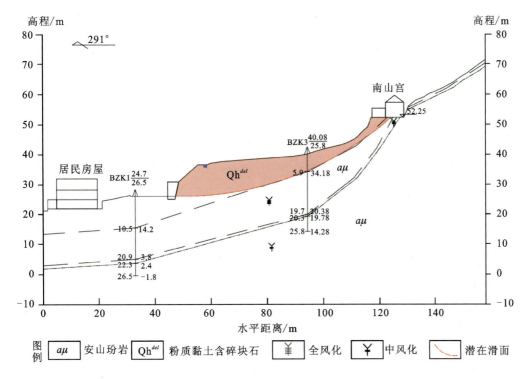

图 6-3 石坪后山滑坡隐患 6-6′ 工程地质剖面图

划定解译点位、解译区段和地质灾害重点调查区。

2. 人工巡查发现变形迹象

该区被判定存在地质灾害隐患后,加强了区内人工巡查、地面核查工作。2022 年 4 月初,巡查人员发现 K5+250 处东侧龙山道观地面及建(构)筑物墙体多处出现裂缝,6 月 25 日早上发现 K4+950～K5+015 段东侧斜坡发生滑坡,K4+965 处左侧斜坡发生小规模滑坡,K5+015～K5+180 段右侧斜坡发现多处裂缝,且有进一步发展的趋势。

3. 现场调(勘)查确定滑坡范围

由于地质灾害隐患可能进一步发展为地质灾害,威胁区内生命财产安全和道路工程建设,为此展开专项地质环境及地质灾害调(勘)查。调(勘)查发现了 5 处灾害点,其中滑坡 3 处：K4+950～K5+015 段右侧边坡滑坡(HP3)、K4+965 处左侧边坡滑坡(HP4)、坑南村兴南路 41～44 号屋后滑坡(HP5);滑坡隐患 2 处：K5+015～K5+180 段右侧边坡滑坡隐患(HP1)、K5+180～K5+280 段右侧边坡滑坡隐患(HP2、龙山道观)。隐患方量约 150 080m³。

4. 现场监测滑坡变形

为进一步查明滑坡变形规律,在区内布设 3 台 GNSS 地表位移监测站(其中 1 台为基站)、3 台裂缝计(含报警器),另在 4 个钻孔内设置测斜管。提取自 2022 年 5 月 6 日至 2022

年9月8日的GNSS监测数据(图6-4),数据显示,6月13日至6月28日1号、2号地表位移GNSS数据变化比较大,遂采取反压措施,6月28日反压后至9月7日整体变化趋于稳定。其中,2号GNSS监测点6月13日数据累计变化145.7mm,6月18日后持续增加,截至6月28日,X轴(南北向)累计变化$-1\,163.9$mm,Y轴(东西向)累计变化532.9mm,Z轴(沉降)累计变化-453.7mm。

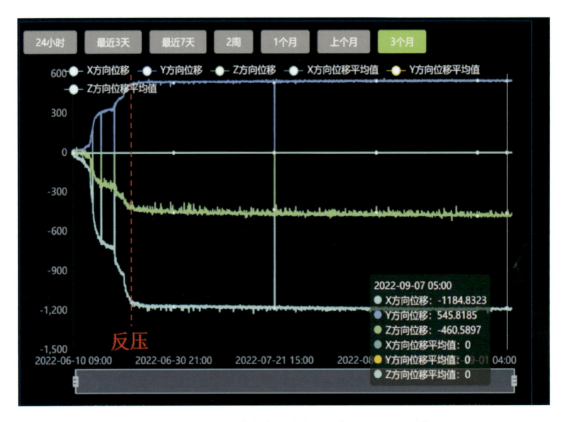

图6-4　2号GNSS地表位移监测站2022年9月7日监测数据

5. 稳定性评价确定滑坡发展趋势

在现场调查和监测的基础上,通过定性分析和定量计算,确定了区内滑坡隐患稳定性发展趋势如下:区内自然斜坡较陡,坡度最大达26°,区域斜坡浅表覆盖层土体在不利情况下存在失稳可能;现坡脚由于边坡开挖,局部发生滑坡失稳现象,形成更陡立的临空面,继而诱发后缘坡体发生较大规模牵引式滑坡,在外界地质营力作用下易发生失稳破坏,若不进行及时治理,遇持续降雨或强降雨很有可能再次发生滑坡灾害。

在发现滑坡变形后,于6月27日采取了前缘反压的应急措施,而后采取抗滑桩+锚索+格构护坡+排水等综合治理方案。监测表明,滑坡治理效果良好,确保了公路、社区、学校以及龙山道观等的安全。

五、经验总结

地质灾害早期识别作为主动防灾减灾关键环节,要综合利用天-空-地一体化技术,提升隐患早期识别能力,解决"隐患在哪里"的问题。发现地质灾害隐患后加强地面巡排查工作,必要时布设地表监测工程,开展隐患点调(勘)查。

地质灾害隐患早期识别有利于提高灾害风险管控的预见性,加强源头管控能为工程建设、风险管控措施的实施赢得时间。在地质灾害风险管控工作中,应坚决纠正和克服"天灾不可抗,伤亡免不了"的消极思想,高度重视地质灾害隐患的早期识别工作。

第二节　滑坡预报预警典型案例

一、滑坡概况

苍南县赤溪镇流岐岙村屋后滑坡风险区编号330327FF0071,位于流岐岙村长岩1~3号屋后,为一小型土质滑坡,紧临房屋1.5m,滑坡全貌如图6-5所示。时值梅雨期,2022年6月13日降雨量达61.3mm。当日23时,温州市地质灾害气象风险预报(警)发布系统、"地灾智防"APP等平台将该区域确定为较高风险区,发布了黄色预警信息,迅速启动了省、市、县三级预警响应,群防群测员、网格员开启巡(排)查,技术人员驻村。6月14日21时,滑坡发生,群策群防员及时上报灾(险)情,在技术人员指导下采取了分台阶削坡、应急排险措施,后续进行了挡土墙+格构锚杆+截排水沟+护栏网等综合治理,确保了村民的生命财产安全,取得了良好的预报预警效果。

二、孕灾地质条件

1. 地形地貌

该区属于浙东南沿海丘陵地貌,最高海拔约为108m,最低海拔约为66m,相对高差约为42m。斜坡总体坡向约331°,坡度一般在20°~25°之间。斜坡植被发育,覆盖率达90%,以乔灌木、杂草为主。

2. 地层岩性

调(勘)查得出区内出露地层由上到下依次为:

(1)残坡积层(Q^{d-dl})。岩性为粉质黏土含碎石,主要呈土黄色,稍密,可塑,结构较松散,工程地质性质较差,主要分布于斜坡浅表层,厚度0.5~1.0m。

图 6-5　流岐岙村屋后滑坡全貌图

（2）全风化凝灰岩（K_1xp）。结构松散,黄褐色,稍密,可塑,工程地质性质较差,主要分布于残坡积下层。根据屋后边坡揭露,全风化层较厚,厚度 5～10m。

（3）强风化凝灰岩（K_1xp）。凝灰结构,青灰色,主要发育 3 组节理,由于风化作用强烈,岩质较软,工程地质性质一般,出露厚度 0.5～2m,局部缺失,未见底。

3. 水文地质条件

地下水类型主要为第四系松散岩类孔隙水和基岩裂隙水。第四系松散岩类孔隙水主要赋存于残破积层和全风化层中,属包气带水,主要接受大气降水补给,受气候影响较大,以管状、脉状形式径流,水量小,向下渗入基岩裂隙沿土岩接触面排泄。基岩裂隙水主要赋存于岩体的构造裂隙和风化裂隙中,连通性较差,地下水的富水性不均一,受构造、地貌及气候等因素控制。

4. 人类工程活动

该区人类工程活动主要表现为切坡建房。切坡宽约 30m,高约 10m,坡度 70°～80°。坡脚设置有简易挡墙,坡面未支护,处于裸露状态。

三、滑坡特征

滑坡纵长20m,宽约30m,面积约600m²,方量5100m³。该滑坡于2022年6月14日发生了局部滑动,滑坡纵长12m,横宽6m,厚3.4m,面积约66m²,方量约224.4m³。滑坡推倒坡脚浆砌块石挡墙,滑坡体堆积于屋后及屋内。滑坡工程地质剖面如图6-6、图6-7所示。

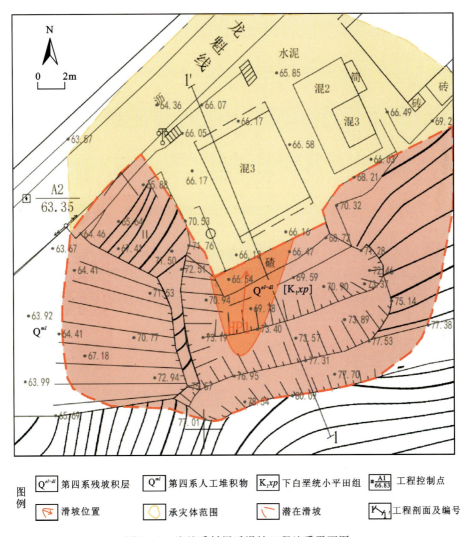

图6-6 流岐岙村屋后滑坡工程地质平面图

该滑坡物质组成主要为残坡积层和全风化层,残坡积层岩性为粉质黏土含碎石,结构松散,可塑,碎石含量小于10%;全风化层岩性为凝灰岩,风化成粉质黏土含碎颗粒,粒径差别较大,手捏有明显的颗粒感,含量约20%。

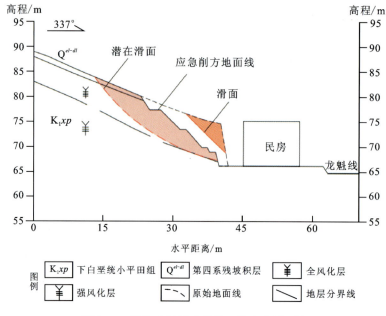

图 6-7　流岐岙村屋后滑坡工程地质剖面图

滑坡后缘为自然斜坡,调查时未发现有变形迹象,未见拉张裂缝。滑坡后壁最高海拔约 77m,高 2~4m,坡度近直立,下部变缓。两侧滑壁高度 1~4m,坡度 60°~80°。剪出口位于边坡坡脚处,滑带(面)为典型的圆弧状,总体倾向约 10°,上陡下缓,后缘可见滑带(面),前缘被滑坡体覆盖,未见特征明显的滑带(面)。

四、预报预警措施

1. 地质灾害预报预警系统分析风险等级

温州市目前已建成较为完善的地质灾害气象风险预报预警系统,该系统以行政村或社区为预警对象,以滑坡、泥石流潜势度和灾前降雨分析为基础,可根据建立的滑坡、泥石流预测统计模型,实现 24 小时、6 小时预报预警。

2022 年 6 月,苍南县进入梅雨期,自 11 日至 13 日连续暴雨(图 6-8),分析苍南县风险防范区的降雨情况和滑坡潜势度,13 日 23 时流岐岙村流岐尾风险防范区的地质灾害气象风险等级较高,达到黄色预警等级。

2. 通过平台及时发布预警信息

按照"省级预报到县、市级预报到乡、县级预警到村"的要求,及时通过温州市地质灾害气象风险预报(警)发布系统、"地灾智防"APP 等平台发布黄色预警,预警信息发布如图 6-9、图 6-10 所示。

第六章 浙东南地质灾害风险管控典型案例

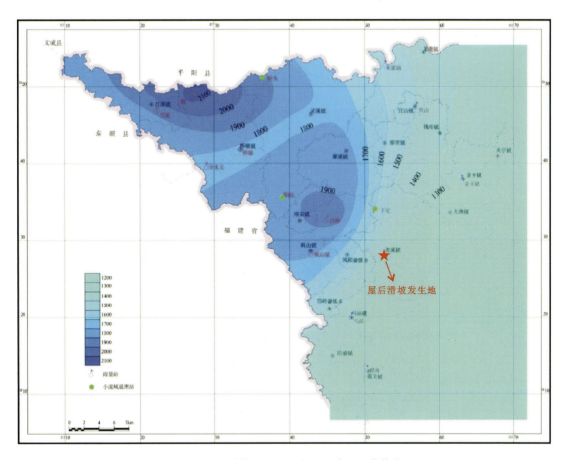

图6-8 流岐岙村屋后滑坡发生地降雨量等值线图

图6-9 温州市地质灾害气象风险预报(警)发布系统发布流岐岙村屋后滑坡黄色预警

159

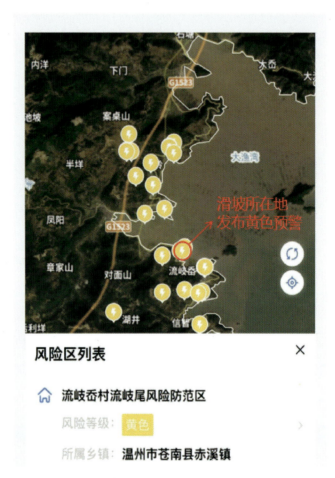

图 6-10 "地灾智防"APP 实时预警流岐岙村屋后滑坡黄色预警

3. 启动应急协同工作

6月13日23时,各部门收到预报(警)信息,按照应急协同工作机制立即启动省、市、县三级分别预警响应,开展应急处置工作,安排人员值守,群防群测员、网格员开启巡(排)查,县级组织专业技术单位和驻县进乡地质队员第一时间赶赴现场。2022年6月14日21时滑坡发生,群测群防员及时上报灾(险)情,在技术人员指导下进行紧急应急排险,采取分台阶削坡措施,削方量约 1350m³,如图 6-11 所示。

为彻底消除滑坡隐患,2022年8月初实施了滑坡勘查和综合治理工程。治理方案为挡土墙+格构锚杆+截排水沟+护栏网。主要工程量:5级1∶1坡率放坡;坡面设置6排锚杆格构;坡脚设置挡土墙,墙高 4.8~5.3m,长 30m,如图 6-12 所示。经过应急排险和永久工程治理,目前斜坡处于稳定状态,滑坡风险管控良好。

第六章 浙东南地质灾害风险管控典型案例

图 6-11 流岐岙村屋后滑坡应急削方处置后全貌(摄于 2022 年 6 月 15 日)

图 6-12 流岐岙村屋后滑坡永久治理后现状(摄于 2023 年 10 月 20 日)

五、经验总结

实践证明,浙东南地质灾害气象预报预警提高了对地质灾害发生的预警能力,避免了临灾时惊恐慌乱、乱中失措,为有序开展人员组织、应急调查、应急排险提供保障,是防灾减灾必不可少的一环,对地质灾害动态风险管控可以起到不可估量的作用。

第三节 泥石流成功避险典型案例

一、泥石流概况

泰顺县西溪村下湾泥石流位于泗溪镇西溪村下湾自然村西侧后山,全貌如图6-13所示。2016年9月14日,受台风"莫兰蒂"影响,泰顺县泗溪镇普降特大暴雨,温州市国土资源局对泰顺县发布地质灾害气象风险较高的红色预警,15日12时左右,西溪村下湾自然村西侧后山发生群发性坡面泥石流,造成下方20间民房损毁,由于人员撤离及时未造成伤亡。

图6-13 西溪村下湾泥石流全貌

二、孕灾地质条件

1. 地形地貌

该区属于浙东南侵蚀构造低山地貌,村庄东侧为西溪,西侧为斜坡。西侧斜坡最高海拔约890m,最低海拔约490m,相对高差约400m。斜坡坡度较大,为35°~40°。斜坡冲沟或负地形较发育,冲沟流域形态呈扇形,横断面为"V"字形,斜坡浅表植被发育。

2. 地层岩性

该区出露地层从上至下依次为:

(1)第四系泥石流堆积体(Q^{sef})。主要分布在冲沟沟口附近,岩性以粉质黏土为主,土黄色,含凝灰岩碎块石,含量5%~15%,棱角状,层厚1~2m。

(2)上更新统坡洪积层(Qp_3^{dl-pl})。主要分布在村庄一带,岩性为粉质黏土,土黄色、黄色,含凝灰岩碎块石,含量10%~30%,棱角状,层厚0.5~1.0m。

(3)下白垩统西山头组(K_1x)。广泛分布于村庄北东侧,岩性为流纹质晶屑玻屑凝灰岩,灰褐色,风化较强烈,主要为全—强风化。

(4)下白垩统朝川组(K_1cc)。广泛分布于斜坡坡脚,岩性为流纹质晶屑玻屑凝灰岩,灰褐色,风化较强烈,主要为全—强风化。

(5)下白垩统馆头组(K_1g)。广泛分布于斜坡坡脚,岩性主要为灰紫—紫色砂岩等,砂状结构,厚层状构造,风化较强烈,主要为全—强风化。

(6)钾长花岗岩($\varepsilon\gamma_3^3$)。红褐色,花岗状结构,块状构造,主要由斑晶与基质组成。斑晶为钾长石,肉红色,长条状,自形—半自形,粒径1~2cm,基质为晶质结构。

3. 水文地质条件

地下水类型主要为松散岩类孔隙水和基岩孔隙裂隙水。松散岩类孔隙水主要赋存于残坡积层和全新统冲洪积层中,主要接受大气降水的补给,受气候影响较大,随季节动态变化明显。基岩裂隙水主要赋存于基岩岩体的风化裂隙和构造裂隙中,连通性较差,地下水的富水性不均一,主要接受大气降水及上覆坡积层孔隙水的入渗补给。地下水路径受岩体结构控制明显,向下渗入基岩裂隙或在坡体面处排泄,季节性动态变化大。

4. 人类工程活动

区内人类工程活动主要为房屋、坟墓修建及农业种植等。房屋多集中修建于斜坡坡脚处,有轻微挤占沟口现象;坟墓分布于山体斜坡处,对山体的残坡积物有少量开挖,对坡体稳定性基本没有影响;农业种植主要包括水稻等农作物的种植以及在人工边坡上种植杨梅等。

三、泥石流特征

下湾泥石流为群发性坡面型泥石流,共有P1、P2、P3、P4四条沟道,如图6-14所示。

该泥石流地质灾害是由坡面小型滑坡启动,后汇入支沟洪水,在下泄过程中对沟道两侧松散堆积物不断撞击刮擦、裹挟,规模不断发展壮大的泥石流地质灾害。物源主体是粉质黏土和块石,下泄方量约8000m^3。

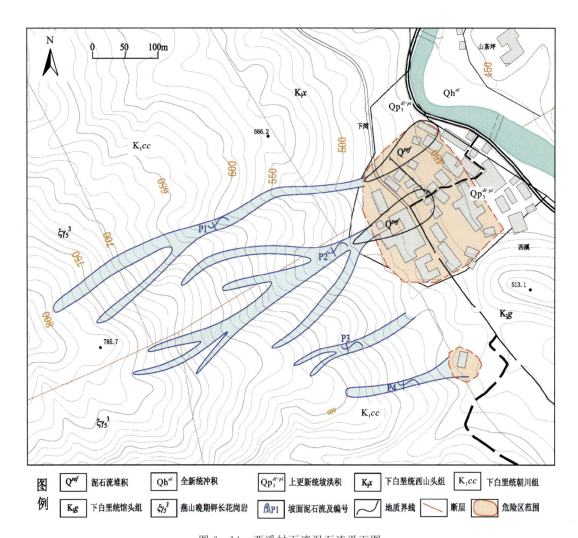

图 6-14 西溪村下湾泥石流平面图

P1沟道呈"Y"字形,沟源残坡积沿下伏基岩面发生滑坡,沿沟道一路刮铲,激发坡面泥石流,至村庄附近呈扇形外扩,沿途将下方5幢木结构建筑损毁(图6-15、图6-16);P2沟道平面形态呈树枝状,受高位滑坡诱发启动,每条支沟都或多或少有一定的泥砂冲出,汇入主沟后,沿沟刮铲,夹带大量的泥砂、块石冲入下方村庄,造成15间砖混民房不同程度损坏,所幸未造成人员伤亡或者民房倒塌(图6-17、图6-18);P3和P4泥石流同样从小型冲沟沟源启动,其中P3泥石流在高程520m附近停积,未对下方民房造成危害(图6-19);P4坡面泥石流从寺庙南侧冲出,未对其沟岸的寺庙造成较大破坏,也无人员伤亡(图6-20)。

图6-15　P1沟口刮铲堆积特征

图6-16　P1坡面泥石流造成木结构建筑损毁

图6-17　P2泥石流泥砂建筑内大量堆积

图6-18　P2泥石流沟源处的松散层

图6-19　P3坡面泥石流冲刷概貌

图6-20　P4坡面泥石流冲刷概貌

四、成功避险措施

1. 做好基层地质灾害科普宣传工作

泥石流灾害暴发频率相对较低,暴发时间难以预测,但灾害一旦暴发,会造成较大甚至毁灭性危害。西溪村下湾后山斜坡坡度陡峻,高差大,浅表部分布有松散层,存在泥石流隐患。因此,当地政府定期组织地质灾害宣传培训和演练,增强村民识灾、防灾、避灾、救灾意识和能力,并制定了防灾减灾预案,规划了灾害发生前撤退路线及避灾场所。

2. 地质灾害发生前及时预警响应

2016年9月14日,受台风"莫兰蒂"影响,泰顺县泗溪镇普降特大暴雨,温州市国土资源局对泰顺县发布地质灾害气象风险较高的红色预警,县国土资源局启动突发地质灾害一级应急响应,立即通知乡镇、村干部与群测群防员赶到现场进行排查。在排查中发现,凤垟乡西溪村下湾后山存在较大泥石流灾害风险,紧急将受威胁的下湾村160户600余人转移至避灾场所。9月15日12时左右,群发性泥石流发生,损坏下方20间民房,由于人员撤离及时未造成伤亡。

3. 及时展开应急排险及综合治理工作

泥石流发生后,原有沟道堵塞,影响正常泄洪。在技术人员指导下,组织村民自救,采取人工+挖机清理应急排险措施,清理堆积物总方量约6000m³。然而,区内泥石流隐患仍未彻底排除,由于威胁对象较多,搬迁避让难度较大,进行了排导槽+格栅坝+拦挡墙+拦砂坝+涵洞综合治理工程措施(图6-21)。经过应急排险和综合工程治理,斜坡目前处于稳定状态,泥石流风险管控良好。

图6-21 西溪村下湾泥石流治理后现状(摄于2023年10月20日)

五、经验总结

西溪村下湾泥石流灾害成功避险得益于有完善的风险隐患排查、预警、防范工作体系,基层群众较强的自我防灾避险意识与能力,以及在关键时刻各部门及时的应急响应。在山区乡村,基层群众处在地质灾害预警防御最前线,所以提高群众防灾避险意识、做好群测群防工作十分重要。当发现险情后,各级部门应迅速响应、履职尽责、齐心合力,及时组织受威胁群众果断撤离并妥善安置。对于短历时的坡面泥石流灾害的防治,拦挡坝工程措施是非常有效的。可见,主动预防和工程治理相结合才能达到最佳的防治效果。

第四节　滑坡综合治理典型案例

一、滑坡概况

乐清市柳市镇峡门村山体滑坡位于沃克玛电气有限公司厂房后山,为一土质牵引式浅层小型滑坡,滑坡全貌如图6-22所示。2019年7月初,受持续强降雨影响,后山先后发生2处滑坡,造成2幢厂棚受损,部分设备、车辆损毁,1名工人轻伤,当时在技术人员指导下迅速实施人员撤离、停工停产、清理滑体、砌筑浆砌挡墙应急排险。由于厂房后斜坡仍存在失稳的可能,2020年7月初,采取削坡+锚杆格构+挡土墙+截排水沟+绿化+护栏+监测的工程治理方案,彻底消除了斜坡潜在的风险。

图6-22　峡门村山体滑坡全貌图

二、孕灾地质条件

1. 地形地貌

该区属侵蚀剥蚀丘陵区,斜坡西低东高,坡顶高程159～190m,坡脚高程6～15m,相对高差约184m。自然斜坡上陡下缓,高程85m以上坡度为30°～35°,高程85m以下坡度为25°～30°。斜坡植被发育,中下部以杨梅树为主,上部为乔木,少量杂草和灌木。

2. 地层岩性

该区出露地层自上而下依次为:

(1)崩坡积层(Q^{col-dl})。广泛分布于斜坡浅表层,岩性为碎石粉质黏土,呈土黄色,结构松散,不可塑,碎石含量15%～45%,粒径0.5～8cm,个别可达20cm以上,棱角状,成分为强—中风化凝灰岩,厚度2.0～8.9m。

(2)残坡积层(Q^{d-dl})。主要分布在斜坡下部及坡脚地带,岩性为含碎石粉质黏土,呈土黄褐色,结构稍密,稍湿—湿,可塑,碎块石含量在5%以下,粒径0.2～1cm,次棱角状,厚度1.2～9.0m。

(3)下白垩统小平田组(K_1x)。岩性主要为流纹质含浆屑晶屑玻屑凝灰岩、流纹质晶屑玻屑凝灰岩、流纹质晶屑凝灰岩等,颜色呈浅灰色,略带墨绿色、灰黑色、青灰色等,凝灰结构,块状构造。浆屑含量一般约5%,粒径0.2～0.5cm,晶屑含量一般10%～45%,粒径0.1～0.8cm,棱角状,成分一般为石英或长石。斜坡上出露中风化基岩完整性好,岩质坚硬。

(4)花岗岩岩脉($\gamma\pi$)。花岗岩岩脉走向北东,岩脉宽20～25m,岩性为花岗岩,呈肉红色,花岗结构,块状构造。矿物成分主要为钾长石、酸性斜长石、石英,局部可见有角闪石和云母。

3. 水文地质条件

地下水类型主要为第四系松散岩类孔隙水和基岩裂隙水。第四系松散岩类孔隙水含水层由碎块石黏性土、粉质黏土构成,结构松散,由于块石含量较高,透水性好,富水性差,以大气降水补给为主,地形低洼处接受基岩裂隙水补给,受季节性变化影响明显。基岩裂隙水主要赋存于凝灰岩和花岗岩等岩石的风化裂隙、构造裂隙中,主要接受大气降水和松散岩类孔隙水补给,沿风化裂隙、节理裂隙渗流,循环交替条件差,水量较贫乏,在坡脚附近以渗水的形式排泄。

4. 人类工程活动

该区人类工程活动较为活跃,主要为切坡建房、取土和种植,对山体近坡脚处扰动较大。坡脚因建房、取土被人工开挖成高低不一的边坡,总长约328m,分为2～5级边坡,单级边坡最高29m,坡向约154°,坡度45°～90°。土质边坡第一级和第二级边坡采用浆砌块石挡墙支护,斜坡面改造为台阶状,其上种植杨梅树。

三、滑坡特征

乐清市柳市镇沃克玛电气有限公司厂房后斜坡为潜在不稳定斜坡,纵长约 70m,宽约 180m,方量约 108 000m³。该斜坡于 2019 年 7 月初发生 2 处局部滑坡 HP1、HP2。滑坡平面如图 6-23 所示,工程地质剖面如图 6-24 所示。

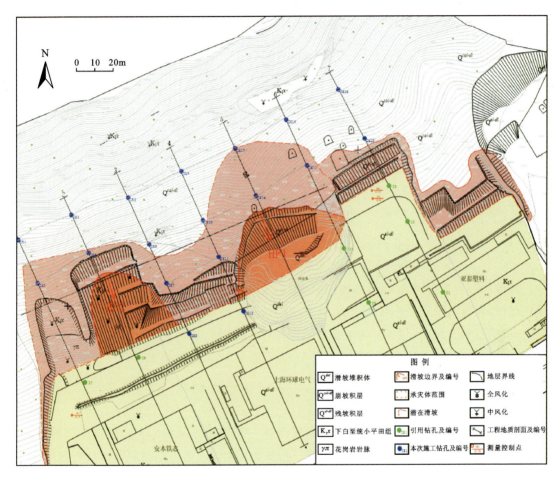

图 6-23　峡门村山体滑坡工程地质平面图

1. 滑坡 HP1 特征

滑坡 HP1 平面呈半圆形,主滑方向 154°,滑坡长 5～20m,宽约 63m,最厚约 20m,总方量约 12 600m³。堆积体平面面积约 3690m²,平均堆积厚度约 3.4m,最大堆积厚度约 9.0m。滑坡物质组成主要为崩坡积的碎块石粉质黏土和残坡积的含碎石粉质黏土,夹杂干砌墙的块石、坟墓块石和植被。

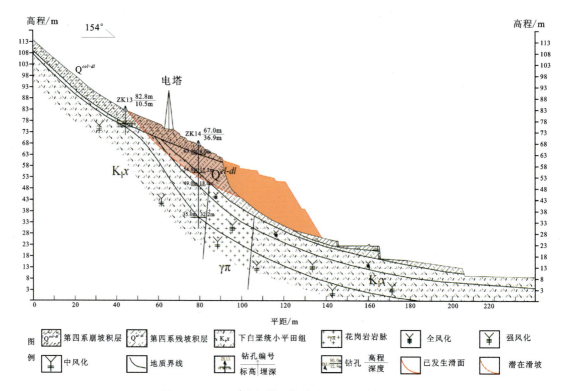

图 6-24 5-5′峡门村山体滑坡工程地质剖面图

滑带(面)为典型的圆弧状,总体倾向约 154°,上陡下缓,后缘可见滑带(面)在崩坡积层中较粗糙,在残坡积层中光滑,局部可见有擦痕现象。滑床为残坡积层,岩性为含碎石粉质黏土,碎块石含量在 5% 以下。滑坡后壁呈圈椅状,最高约 26m,坡度近直立,下部变缓。滑坡后缘壁与堆积体之间出现滑坡洼地,宽 5~7m,深 1~2m,未见积水。剪出口位于坡脚,滑体越过坡脚挡墙,冲进厂房。

2. 滑坡 HP2 特征

滑坡 HP2 平面呈长舌状,横剖面呈不规则"V"形,主滑方向约 171°。滑坡体长约 48m,宽约 50m,厚 0.5~2.0m,总方量约 780m³。滑坡物质组成主要为崩坡积的碎块石粉质黏土和黏土。碎块石粉质黏土总体呈土黄色,结构松散,不可塑,碎石含量 15%~45%,棱角状,成分为强—中风化凝灰岩。

该滑坡为沿全风化和全—强风化接触带发生的土质滑坡,滑坡底部出露完整的全—强风化花岗岩,局部可见有物质下滑的擦痕,滑带(面)产状为 175°∠28°~45°,现场剥离残留在强风化面上的松散土层,厚度小于 10cm,推测滑带(面)厚约 10cm(图 6-25)。滑床物质为全—强风化花岗岩,风化差异明显,强度较低。滑坡后缘壁与左右两壁组合成长舌状,后缘壁呈半圆弧状,高 3~4m,上陡下缓。后缘壁顶为马道平台,宽约 5m。剪出口位于坡脚处,高程约 25m。

图 6-25 峡门村山体滑坡 HP2 滑带（面）

四、综合治理措施

1. 应急排险

2019 年 7 月滑坡发生后，立即采取了应急排险措施。在技术人员指导下，圈定地质灾害隐患区段，设置安全警示标志，开展救援、疏散、停产、撤离工作，清理滑坡堆积体，采用浆砌挡墙加固措施。

2. 永久治理工程

2020 年 7 月初，对厂房后斜坡进行了系统勘查。设计的永久治理工程方案为削坡＋锚杆格构＋挡土墙＋截排水沟＋绿化＋护栏＋监测，治理中的滑坡见图 6-26。

1）削坡

根据边坡现状分 2～3 级进行削坡处理，每级边坡高 10～15m，坡率为 1∶1～1∶1.25，各级边坡之间留 3～4m 马道，开挖方量约 69 213m³。

2）锚杆格构

对每级土质边坡采用锚杆格构加固，锚杆设置 1～5 排，采用 HRB400Φ28 全长黏结，长

图 6-26　治理中的峡门村山体滑坡（摄于 2023 年 10 月 25 日）

6～12m，且确保进入基岩深度不小于 3m。锚杆水平间距 3m，垂直间距 3m。纵横梁间距 3m×3m，截面 30cm×40cm。工程量为 6m 长锚杆 413 根，9m 长锚杆 364 根，12m 长锚杆 291 根。

3）截排水沟

截水沟设置在不稳定斜坡后缘和第一级平台上，总长 703m。排水沟设置在坡脚处和格构梁间，总长 411m。

4）重力式挡土墙

在 5 号和 6 号剖面区域场地红线外 3m 和两侧修建挡土墙，总长 125m。地面以上墙高 2.0～4.0m，基础埋深 1.0m，顶宽 0.8～1.0m，底宽 1.67～1.77m，墙背坡率 1∶0.15，墙面坡率 1∶0.25，采用 C30 毛石混凝土砌筑。

5）喷播绿化

在坡面进行喷播绿化，选用胡枝子、金合欢、紫穗槐、狗牙根、多花木兰、木豆、马棘、黑麦草、马尼拉等，草籽播撒规格为 10～15g/m²。

6）护栏网

对治理区采用护栏网进行封闭，设置在边坡（格构区外）坡顶外 1～2m，总长 424m。采用成品防锈网制作，高 1.5m，立柱间距 3m，基础采用混凝土浇筑，尺寸 0.2m×0.2m×0.5m。

7）警示牌和标识牌

在能进入后山的道路处边坡坡脚设立 3 块警示牌，设置 1 个工程标识牌。

3. 防治效果评价

监测项目包括地面绝对位移监测和巡查观测。通过1个水文年的监测,治理后的斜坡处于稳定状态,改善了周边的生态环境,取得了良好的治理效果。

五、经验总结

人类工程活动改变了自然斜坡的平衡状态,容易导致滑坡等地质灾害,应加强房前屋后切坡的风险防控,严格控制边坡开挖,切坡时应有相对应的加固措施。2019年两处局部滑动及其造成的危害就是在警示我们应对切坡稳定性予以足够的重视,否则会酿成更大的灾害事件,如危及后缘输电塔的安全。对于房前屋后斜坡的工程治理,除注重安全稳定性外,还应重视生态环境的修复。

由以上案例可知,浙东南地区孕灾地质条件复杂,切坡建房、道路修建等人类活动对地质灾害多发、频发起到不可忽略的加剧作用。地质灾害"防"应在"治"之先,应从早期识别、监测预警、群测群防着手,提升防灾能力。为此,一是要提高地质灾害"隐患在哪里"的识别能力,推进防控方式由"隐患点防控"逐步向"隐患点＋风险区"双控转变;二是要提高地质灾害"什么时候发生"的预警能力,实现防控方法由"人防"向"人防＋技防＋机防"的转变;三是要强化基层地质灾害防治科普知识影响力与覆盖面,提升全民识灾辨灾避灾救灾意识与能力,夯实全民防治基础;四是在加强预防的前提下,尚需加强地质灾害综合治理能力,以积极防灾、科学减灾、主动避灾、避让搬迁为主,搬迁和治理相结合,提升防御工程的标准,才能达到防治的最佳效果;五是工程治理要有针对性、时效性,对于台风暴雨诱发型泥石流采取拦挡坝的形式是有效的,对于切坡建房引发的滑坡采取挡土墙＋锚固格构＋排水＋植被护坡等工程措施可以收到良好的工程治理效果和生态环境效益。

浙东南地质灾害防治涉及面广、难度大、责任重,为达到"以人为本,地质安全"的目标,要始终贯彻"主动防灾减灾""动态风险管控""系统减灾救灾"的科学理念,着力提升地质灾害数字智慧防治能力,切实为人民群众筑好地质安全防线。

主要参考文献

白世彪,王建,闾国年,等,2007.基于 GIS 和双变量分析模型的三峡库区滑坡灾害易发性制图[J].山地学报(1):85-92.

陈光平,2011.台风引发温州市斜坡地质灾害的发育分布及影响因素研究[D].成都:成都理工大学.

陈景武,1987.暴雨泥石流预报[J].山地研究,5(4):217.

陈丽霞,殷坤龙,刘长春,2012.降雨重现期及其用于滑坡概率分析的探讨[J].工程地质学报,20(5):745-750.

陈温清,2020.温州市高强度降雨引发的陡斜坡地质灾害特征与规律研究[D].温州:温州大学.

陈争杰,2015.极值统计模型在大渡河流域暴雨频率分析中的应用[D].徐州:中国矿业大学.

邓良,吕海峰,张磊,等,2021.移动 GIS 在地质灾害群测群防中的应用[J].测绘地理信息,46(6):146-149.

丁茜,赵晓东,吴鑫俊,等,2022.基于 RBF 核的多分类 SVM 滑塌易发性评价模型[J].中国安全科学学报,32(3):194-200.

董全,陈星,陈铁喜,等,2009.淮河流域极端降水与极端流量关系的研究[J].南京大学学报(自然科学),45(6):790-801.

傅正园,秦海燕,徐良明,2017.文成-泰顺地震地质灾害特征研究[J].科技通报,33(1):39-43.

傅正园,徐光黎,吴义,等,2019.浙东南突发性地质灾害防治[M].武汉:中国地质大学出版社.

高峰,孟凡奇,张丽霞,等,2022.山东省地质灾害调查工作回顾与展望[J].山东国土资源,38(10):35-41.

高克昌,崔鹏,赵纯勇,等,2006.基于地理信息系统和信息量模型的滑坡危险性评价——以重庆万州为例[J].岩石力学与工程学报(5):991-996.

耿丽,邹雷,王凤琴,等,2022.关于房屋建筑承灾体调查的概述及技术方法总结[J].大众标准化(18):144-146.

郭子正,2021.区域浅层滑坡危险性的评价模型研究及其应用[D].武汉:中国地质大学(武汉).

韩俊,赵其华,韩刚,等,2012.温州市台风引发斜坡地质灾害影响因子分析[J].地质灾害与环境保护,23(1):30-34.

黄润秋,王来贵,1998.边坡力学系统失稳的两种新机制[J].中国地质灾害与防治学报(S1):55-61.

金朝,费雯丽,丁卫,等,2021.基于信息量模型和Logistic回归模型的地质灾害易发性评价:以十堰市郧阳区为例[J].资源环境与工程,35(6):845-850.

金荣花,代刊,赵瑞霞,等,2019.我国无缝隙精细化网格天气预报技术进展与挑战[J].气象,45(4):445-457.

金紫薇,胡诚,杨秀生,等,2007.安徽省地下水观测及群测群防管理信息系统[J].防灾科技学院学报(1):32-35,141.

李芳,梅红波,王伟森,等,2017.降雨诱发的地质灾害气象风险预警模型:以云南省红河州监测示范区为例[J].地球科学,42(9):1637-1646.

李利峰,张晓虎,邓慧琳,等,2020.基于熵指数与逻辑回归耦合模型的滑坡灾害易发性评价:以蓝田县为例[J].科学技术与工程,20(14):5536-5543.

李宇梅,狄靖月,许凤雯,等,2018.基于当日临界雨量的国家级地质灾害风险预警方法[J].气象科技进展,8(3):77-83.

李媛,孟晖,董颖,等,2004.中国地质灾害类型及其特征——基于全国县市地质灾害调查成果分析[J].中国地质灾害与防治学报,2:32-37.

栗泽桐,王涛,周杨,等,2019.基于信息量、逻辑回归及其耦合模型的滑坡易发性评估研究:以青海沙塘川流域为例[J].现代地质,33(1):235-245.

刘传正,刘艳辉,温铭生,等,2015.中国地质灾害气象预警实践:2003—2012[J].中国地质灾害与防治学报,26(1):1-8.

刘传正,张明霞,孟晖,2006.论地质灾害群测群防体系[J].防灾减灾工程学报(2):175-179.

刘坚,李树林,陈涛,2018.基于优化随机森林模型的滑坡易发性评价[J].武汉大学学报(信息科学版),43(7):1085-1091.

刘明军,周明浪,张育志,等,2018.浙江泰顺县台风"苏迪罗"期间地质灾害发育特征[J].华东地质,39(1):66-72.

刘希林,王小丹,2000.云南省泥石流风险区划[J].水土保持学报(3):104-107.

刘新亮,2009.加强地质灾害群测群防预报预警体系建设[J].资源与人居环境(13):38-39.

刘艳辉,温铭生,苏永超,等,2016.台风暴雨型地质灾害时空特征及预警效果分析[J].水文地质工程地质(5):119-126.

卢全中,彭建兵,赵法锁,2003.地质灾害风险评估(价)研究综述[J].灾害学,18(4):59-63.

罗鸿东,李瑞冬,张勃,等,2019.基于信息量法的地质灾害气象风险预警模型:以甘肃省陇南地区为例[J].地学前缘,26(6):289-297.

牛瑞卿,彭令,叶润青,等,2012.基于粗糙集的支持向量机滑坡易发性评价[J].吉林大学学报(地球科学版),42(2):430-439.

彭建兵,徐能雄,张永双,等,2022.论地质安全研究的框架体系[J].工程地质学报,30(6):1798-1810.

冉恒谦,谢建清,张二海,1997.层次分析法在滑坡稳定性评判中的应用[J].西部探矿工程(4):10-12.

任玉峰,汤正阳,杨旭,等,2022.基于联合样本和分布函数的极端降雨重现期分析[J].人民长江,53(10):65-70.

石元帅,2020.乡村崩塌地质灾害风险评价与管控研究[D].成都:成都理工大学.

苏航,寇本川,2021.承灾体调查中的水路调查[J].城市与减灾(2):39-43.

孙仁先,王小平,2004.湖北省地质灾害防灾减灾网络信息平台建设思考[J].资源环境与工程(4):43-47.

孙颖妮,2019.加强沟通联动完善地质灾害防治体系:访自然资源部地质灾害技术指导中心副主任刘传正[J].中国应急管理,2:34-37.

覃乙根,杨根兰,江兴元,等,2020.基于确定性系数模型与逻辑回归模型耦合的地质灾害易发性评价:以贵州省开阳县为例[J].科学技术与工程,20(1):96-103.

谭炳炎,1985.中国黄土地区的泥石流活动及其防治[J].铁道学报(3):75-83.

谭坦,2016.基于Copula模型的泾河南岸黄土滑坡危险性分析[D].西安:长安大学.

谭万沛,1989.中国灾害暴雨泥石流预报分区研究[J].水土保持通报(2):48-53.

汤人杰,徐光黎,汤忠强,2019.温州群发性坡面泥石流临界雨量研究[J].中国地质灾害与防治报,30(3):60-66.

铁永波,葛华,高延超,等,2022.二十世纪以来西南地区地质灾害研究历程与展望[J].沉积与特提斯地质,42(4):653-665.

王礼先,王秀英,谢宝元,等,1998.北京山区荒溪分类和危险区制图信息系统[J].北京林业大学学报(1):23-27.

王圣伟,2021.承灾体调查中的市政设施调查[J].城市与减灾(2):30-34.

王小平,孙仁先,江鸿彬,2006.省级地质灾害防治管理信息化建设探讨[J].资源环境与工程(3):295-300.

王雁林,2014.地质灾害风险评价与管理研究[M].北京:科学出版社.

王一鸣,殷坤龙,2018.台风暴雨型泥石流单沟危险度研究[J].水文地质工程地质,45(3):124-130.

王一鸣,殷坤龙,龚新法,等,2012.浙东南山区泥石流分布规律[J].地质灾害与环境保护,23(2):11-16.

王一鸣,殷坤龙,龚新法,等,2017.台风暴雨型泥石流风险区划方法研究——以温州山区泥石流为例[J].灾害学,32(3):80-86.

王莹莹,崔小芳,2021.实景三维建模技术在房屋承灾体调查中的应用[J].城市与减灾(6):43-47.

王裕琴,杨迎冬,周翠琼,等,2015.基于GIS空间分析技术的云南省地质灾害气象风险预警系统[J].中国地质灾害与防治学报,26(1):134-137,144.

王洲平,2001.浙江省地质灾害现状及防治措施[J].灾害学,4:65-68.

文杰,2019.基于SCOOPS3D和TRIGRS模型的区域性降雨滑坡危险性评价[D].北京:中国地质大学(北京).

吴吉东,张化,许映军,等,2021.承灾体调查总体情况介绍[J].城市与减灾(2):20-23.

吴晶晶,江思义,吴秋菊,等,2021.基于GIS与BP神经网络的崩塌滑坡地质灾害易发性预测[J].资源信息与工程,36(4):100-104.

吴义,胡志生,刘冬,等,2021.温州市突发性地质灾害发育特征及防治对策[J].地质论评,67(S1):5-6.

吴益平,张秋霞,唐辉明,等,2014.基于有效降雨强度的滑坡灾害危险性预警[J].地球科学(中国地质大学学报),39(7):889-895.

吴雨辰,周晗旭,车爱兰,2021.基于粗糙集-神经网络的IBURI地震滑坡易发性研究[J].岩石力学与工程学报,40(2):1226-1235.

夏蒙,王家鼎,谷天峰,等,2013.基于TRIGRS模型的浅层黄土滑坡破坏概率评价[J].兰州大学学报(自然科学版),49(4):453-458.

夏文翰,肖春锦,黄照先,等,2022.宜昌市旅游景区地质灾害风险管控[M].武汉:中国地质大学出版社.

谢家龙,李远耀,王宁涛,等,2021.考虑库水位及降雨联合作用的云阳县区域滑坡危险性评价[J].长江科学院院报,38(12):72-81.

徐红,2020.地质灾害:由群防到技防:访自然资源部地质灾害防治技术指导中心首席科学家殷跃平[J].中国测绘(7):8-11.

徐继维,张茂省,范文,2015.地质灾害风险评估综述[J].灾害学,30(4):130-134.

徐胜华,刘纪平,王想红,等,2020.熵指数融入支持向量机的滑坡灾害易发性评价方法:以陕西省为例[J].武汉大学学报(信息科学版),45(8):1214-1222.

许冲,徐锡伟,2012.基于GIS与ANN模型的地震滑坡易发性区划[J].地质科技情报,31(3):116-121.

许嘉慧,张虹,文海家,等,2021.基于逻辑回归的巫山县滑坡易发性区划研究[J].重庆师范大学学报(自然科学版),38(2):48-56.

许强,2020.对地质灾害隐患早期识别相关问题的认识与思考[J].武汉大学学报(信息科学版),45(11):1651-1659.

许强,董秀军,李为乐,2019.基于天-空-地一体化的重大地质灾害隐患早期识别与监测预警[J].武汉大学学报(信息科学版),44(7):957-966.

杨峰,夏旺民,陈昕,2021.承灾体调查中的公路调查[J].城市与减灾(2):35-38.

殷坤龙,晏同珍,1987.汉江河谷旬阳段区域滑坡规律及斜坡不稳定性预测[J].地球科学(6):631-638.

殷跃平,2004.中国地质灾害减灾战略初步研究[J].中国地质灾害与防治学报(2):4-11.

殷跃平,2018.全面提升地质灾害防灾减灾科技水平[J].中国地质灾害与防治学报,29(5):3.

殷跃平,2022.地质灾害风险调查评价方法与应用实践[J].中国地质灾害与防治学报,33(04):5-6.

袁丽侠,崔星,王州平,等,2009.浙江乐清仙人坦泥石流的形成机制[J].自然灾害学报,18(2):150-154.

岳丽霞,王永,余淑姣,等,2010.浙江省泥石流类型及分布特征研究[J].水土保持通报,30(6):185-189.

曾宇桐,2016.基于逻辑回归、人工神经网络和随机森林模型的兰州市滑坡敏感性评价研究[D].兰州:兰州大学.

张桂荣,殷坤龙,刘传正,等,2003.基于GIS的陕西省旬阳地区滑坡灾害危险性区划[J].中国地质灾害与防治学报(4):42-46.

张君霞,黄武斌,李安泰,等,2023.甘肃省主要地质灾害精细化气象风险预警预报[J].干旱区地理,46(9):1443-1452.

张茂省,2004.地质灾害风险管理理论方法与实践[M].北京:科学出版社.

张茂省,2013.引水灌区黄土地质灾害成因机制与防控技术:以黄河三峡库区甘肃黑方台移民灌区为例[J].地质通报,32(6):833-839.

张泰丽,2016.浙江省东部台风暴雨诱发滑坡变形特征和成因机制研究[D].武汉:中国地质大学(武汉).

张晓东,刘湘南,赵志鹏,等,2018.信息量模型、确定性系数模型与逻辑回归模型组合评价地质灾害敏感性的对比研究[J].现代地质,32(3):602-610.

赵晓东,昃旭日,张泰丽,等,2018.基于GIS的潜势度地质灾害预警预报模型研究:以浙江省温州市为例[J].地理与地理信息科学,34(5):1-6.

浙江省第十一地质大队,2022.浙东南突发性地质灾害防治:地质队员驻县进乡工作指南[M].武汉:中国地质大学出版社.

浙江省第十一地质大队.2022.浙江省温州市地质灾害风险普查成果报告[R].

浙江省自然资源厅地质勘查管理处,2020.以"六个一"防抗救体系建设为抓手推动地质灾害从隐患管理向风险管控转变的浙江探索[J].浙江国土资源(7):27-28.

周明浪,2017.台风"苏迪罗"期间温州滑坡灾害特征及预警成果分析[J].地质与资源(3):303-309.

周明浪,邵新民,罗美芳,2014.浙江温州滑坡地质灾害预警方法及应用[J].中国地质灾害与防治学报(6):90-97.

朱莉,卢毅敏,罗建平,2013.基于灰色-Elman神经网络的区域滑坡易发性模型[J].自然灾害学报,22(5):120-126.

朱晓曦,王一鸣,龚新法,2013. 浙江省文成县滑坡灾害危险性评价[J]. 中国地质灾害与防治学报,24(3):13-18.

BRABB E E,1985. Innovation approaches to landslide hazard and risk maping[R]. Tokyo:Japan Landslide Society:17-22.

CHAE B G,KIM M I,2012. Suggestion of a method for landslide early warning using the change in the volumetric water content gradient due to rainfall infiltration[J]. Environmental Earth Sciences(66):1973-1986.

COROMINAS J,VAN WESTEN C,FRATTINI P,et al,2014. Recommendations for the quantitative analysis of landslide risk[J]. Bulletin of Engineering Geology and the Environment,73(2):209-263.

COSTANTINI M,FERRETTI A,MINATI F,et al,2017. Analysisof surface deformations over the whole ItalianTerritory by intcrfcromctric proccssing of ERS,Envisat and COSMO-SkyMed radar data[J]. Remote Sensing of Environment(202):250-275.

DE MICHELE C,SALVADORI G,2003. A Generalized Pareto intensity-duration model of storm rainfall exploiting 2-Copulas[J]. Journal of Geophysical Research,108(D2):4067.

ERMINI L,CATANI F,CASAGLI N,2005. Artificial neural networks applied to landslide susceptibility assessment[J]. Geomorphology,66(1-4):327-343.

FELL R,CORORNINAS J,BONNARD C,et al,2008. Guidelines for landslide susceptibility,hazard and risk-zoning for land use planning[J]. Engineering Geology,102(3-4):85-98.

GLADE T,MICHAEL C,PETER S,2000. Applying probability determination to refine landslide-triggering rainfall thresholds using an empirical "Antecedent Daily Rainfall Model"[J]. Pure and Applied Geophysics,157(6-8):1059-1079.

GUMBEL E J,1960. Bivariate exponential distributions[J]. Journal of the American Statistical Association,55(292):698-707.

GUZZETTI F,PERUCCACCI S,ROSSI M,et al,2007. Rainfall thresholds for the initiation of landslides in central and southern Europe[J]. Meteorology and Atmospheric Physics,98(3-4):239-267.

GUZZETTI F,SILVIA P,MAURO R,et al,2008. The rainfall intensity-duration control of shallow landslides and debris flows:An update[J]. Landslides,5(1):3-17.

JAISWAL P,VAN WESTEN C J,JETTEN V,2011. Quantitative assessment of landslide hazard along transportation lines using historical records[J]. Landslides,8(3):279-291.

KAI C,LU D,LI W,2017. Comparison of landslide susceptibility mapping based on statistical index,certainty factors,weights of evidence and evidential belief function models[J].

Geocarto International,32(9):935-955.

LEE S,MIN K,2001. Statistical analysis of landslide susceptibility at Yongin,Korea[J]. Environmental Geology,40(9):1095-1113.

MONTGOMERY D R,DIETRICH W E,1994. A physically-based Model for the topographic control on shallow landsliding[J]. Water Resources Research,30(4):1153-1171.

OHLMACHER C,DAVIS J C,2003. Using multiple logistic regression and GIS technology to predict landslide hazard in northeast Kansas,USA[J]. Engineering Geology,69(3-4):331-343.

QIN H Y,He J,Guo J,et al,2022. Developmental characteristics of rainfall-induced landslides from 1999 to 2016 in Wenzhou City of China[J]. Frontiers in Earth Science(10):1005199.

VALFURVA,2012. Italy activity in relation to rainfall by means of GBInSAR monitoring[J]. Landslides(9):497-509.

YOSHIMATSU H,ABE S,2006. A review of landslide hazards in Japan and assessment of their susceptibility using an analytical hierarchic process (AHP) method[J]. Landslides,3(2):149-158.